深度学习与神经网络

赵金晶 李 虎 张 明 编著

电子工业出版社·

Publishing House of Electronics Industry

北京·BEIJING

内 容 简 介

本书系统介绍深度学习和神经网络的基础知识体系与实践方法，阐述各种主流神经网络模型，以及深度模型优化和正则化问题，使读者能利用深度学习方法探索图像识别、自然语言处理等具体场景下的模型构建与优化技术。

全书分为 7 章。第 1 章绪论，梳理人工智能不同技术流派的特点、深度学习的发展及前沿技术；第 2 章介绍相关预备知识，包括线性代数、概率论、优化理论及机器学习的基础知识；第 3 章从前馈神经网络的基础模型——感知器出发，介绍前馈神经网络的基本结构及涉及的激活函数、梯度下降、误差反向传播等内容；第 4 章介绍深度模型的优化，讨论神经网络优化中常见的病态问题；第 5 章介绍深度学习中的正则化，包括范数惩罚、数据集增强与噪声注入、提前停止等；第 6 章介绍卷积神经网络，以及卷积神经网络在计算机视觉领域的具体应用；第 7 章通过实际案例介绍循环神经网络与卷积神经网络的结合应用。

本书可作为高等院校人工智能、电子信息、计算机等专业的研究生或本科生教材，也可作为相关领域的研究和工程技术人员的参考书籍。

图书在版编目（CIP）数据

深度学习与神经网络 / 赵金晶等编著. —北京：电子工业出版社，2024.2

ISBN 978-7-121-47373-9

Ⅰ. ①深…　Ⅱ. ①赵…　Ⅲ. ①机器学习②人工神经网络　Ⅳ. ①TP18

中国国家版本馆 CIP 数据核字（2024）第 043678 号

责任编辑：张正梅

印　　刷：三河市良远印务有限公司

装　　订：三河市良远印务有限公司

出版发行：电子工业出版社
　　　　　北京市海淀区万寿路 173 信箱　邮编：100036

开　　本：720×1 000　1/16　印张：14.5　字数：283 千字

版　　次：2024 年 2 月第 1 版

印　　次：2024 年 2 月第 1 次印刷

定　　价：86.00 元

凡所购买电子工业出版社图书有缺损问题，请向购买书店调换。若书店售缺，请与本社发行部联系，联系及邮购电话：(010) 88254888，88258888。

质量投诉请发邮件至 zlts@phei.com.cn，盗版侵权举报请发邮件至 dbqq@phei.com.cn。

本书咨询联系方式：zhangzm@phei.com.cn。

序

2006 年，杰弗里·辛顿和合作者发表了论文《一种深度置信网络的快速学习算法》，标志着深度学习时代的到来，并由此掀起人工智能发展的第三次热潮。尽管深度学习不能与人工智能画等号，但第三次热潮中诞生的令世人震惊的绝大部分功能要归功于深度学习。可以预测，深度学习在未来很长一段时间内仍是引领人工智能发展的核心技术。

深度学习的核心计算模型是深度人工神经网络。随着深度学习技术的成熟，各类模型的规模越来越大，神经网络的层次越来越深，人工智能系统的"智能表现"也越来越神奇。语音识别系统的发展突飞猛进、机器视觉识别超越人类、人机聊天深度仿真等，各类应用竞相争艳。当然，深度学习的迅猛发展离不开两大基石：按指数速度不断提升的强大计算能力和按指数速度不断积累的巨大数据量。

第三次人工智能复兴之路与前两次的最大不同是，在深度学习技术赋能越来越多的领域，不断产生颠覆性应用，并形成了成熟的商业模式，体现了真正的价值。"旧时王谢堂前燕，飞入寻常百姓家"，今天人们谈到人工智能，几乎必谈深度学习，曾经"阳春白雪"的机器学习，现在成为大家争相掌握的知识。

基于市场形式需求，赵金晶研究员等撰写了《深度学习与神经网络》一书。该书介绍了深度学习和神经网络的基本原理和方法，用通俗易懂的语言和实例帮助读者理解。内容聚焦各领域常用的模型和方法，如卷积神经网络、前馈神经网络、模型优化问题等；基础理论部分尽可能缩减，只介绍神经网络基础数学知识和机器学习基础理论，避免过多的概念对初学者造成困惑。书中实例的选取尽可能与现实应用相结合，通过图像文本分类、股票预测、目标检测等场景的具体模型，使读者直观地感受到深度学习方法解决现实问题的强大力量。

相信该书的出版能为进入该领域的广大读者提供有价值的参考。

赵金晶研究员曾是我的学生，看到昔日的学生著书立说，我甚为高兴。特别是获悉她和两位同事基于多年工作学习实践，用了近两年时间，多次推翻重写，再经过五次大的修改最终成稿。我对这种认真治学的态度很是感动，特为之作序。

中国工程院院士

2023 年 11 月 22 日

前　　言

随着近几年数据量的积累、计算能力的增强及学习算法的优化，以神经网络为代表的深度学习技术在人工智能的发展中独树一帜，在自然语言处理、目标识别、机器翻译等领域都得到广泛应用。神经网络、图像识别、模式识别等相关课程不仅是信息和计算机领域本科生的必修课，也成为医疗、设计、交通物流等其他专业学生的课程。然而，若要深入理解并掌握深度学习与神经网络的理论和方法，需要花费大量时间和精力。

神经网络的基本思想是通过对特征的逐层抽象以实现数据属性类别的表征。在这一过程中，随着神经网络参数规模的扩大和复杂性的增加，在构建神经网络模型的过程中会有许多问题和挑战，如过拟合和欠拟合、训练时空开销、调参、可解释等。解决这些问题的好坏程度直接体现了模型的准确性和实用性。这些问题涉及的知识面广，知识体系庞杂，如何将这些复杂的概念理论和方法用易于理解的方式呈现给这个领域的初学者或工程实践者是笔者写这本书的初衷。

全书共分 7 章。第 1 章绪论，从介绍人工智能和深度学习技术的发展历程开篇，梳理了人工智能不同技术流派的特点、深度学习的发展及前沿技术，在此基础上介绍了本书后续章节所基于的深度学习系统架构和开发框架。第 2 章介绍了学习本书所应该掌握的相关预备知识，是掌握深度学习与神经网络方法所依赖的数学理论基础，包括线性代数、概率论、优化理论及机器学习的基础知识。除此之外，通过讲解案例详细指导读者如何构建深度学习实验环境，且后续学习过程中能边学边实践。第 3 章从前馈神经网络的基础模型——感知器出发，介绍了前馈神经网络的基本结构及涉及的激活函数、梯度下降、误差反向传播等相关知识。第 4 章介绍了深度模型优化问题，讨论了神经网络优化中常见的病态问题，如局部最优和振荡陷阱等。在此基础上介绍了各类深度学习中常见的优化算法的基本原理、优缺点及适合的使用场景，最后介绍了构建深度学习模型中重要的参数初始化方法。第 5 章介绍了深度学习中的正则化，用于减少过拟合，并提高模型的泛化能力，包括范数惩罚、数据集增强与噪声注入、提前停止、Dropout 和批归一化。这些方法在深度学习中都得到了广泛应用，且相互结合可以取得更好的效果。第 6 章介绍了目前最流行的深度神经网络——卷积神经网络，对卷积神经网络的发展历程、基本组成、常见的卷积神经网络结构，以及卷积神经网络在计算机视觉领域的具体应用案例进行了详细介绍。第 7 章对时序关联关系分析常用的循环神经网络进行了介绍，讨论了循环神经网络衍生出的具有不同结构的各类变体，还通过实际案例讨论了循环神经网络与卷积神经网络的结合应用模式。

虽然人们在深度学习和神经网络领域的研究已经取得了巨大的进步，但是仍然有很多未知和挑战等待我们去探索。希望通过这本书，能够激发起读者对人工智能技术的研究热情，继而在这个领域深入探索并取得新的突破。由于能力和精力有限，书中内容难免出现差错，书中介绍的很多内容也是开放性的问题，读者可通过电子邮箱 zhjj0420@126.com 向笔者提出宝贵建议，一起探讨，共同进步。

在此，我要感谢所有帮助我完成这本书的人，首先感谢我的导师卢锡城院士，是他带领我进入了这个领域。他从高性能计算的独特角度来分析人工智能技术的脉络，给了我不一样的视角，让我对人工智能和深度学习有了更深层次的理解。其次，我要感谢电子工业出版社张正梅编辑对本书投入的巨大心力，感谢负责编校和出版这本书的所有人员，是他们的专业知识和建议使这本书得以不断完善。还要非常感谢我的学生钟文婧、王晨旭、张钊伟和张宏铮，他们是这本书的第一读者，参与了本书部分章节的校审工作，提出了许多宝贵的意见和建议。感谢复旦大学熊赟教授，国防科技大学李姗姗教授，军事科学院王蕾研究员、林白研究员等专家对本书提出的宝贵意见。最后，深深感谢在本书撰写过程中给予我理解、支持的家人，感谢我的父母、爱人和孩子一直以来对我的支持和鼓励，让我在遇到各种打击和困难时，偶尔的自我否定和自我怀疑，在他们肯定和期翼的目光中也会烟消云散，没有他们就不会有这本书的诞生。

道阻且长，行则将至。行而不辍，未来可期。

赵金晶
于北京，军事科学院
2023 年 11 月 6 日

目　录

第 1 章
绪论

人工智能（Artificial Intelligence，AI）是引领新一轮科技革命和产业变革的核心关键技术之一，已深度融入经济社会发展的方方面面，为生产效率的提高、生活方式的转变、思维模式的升级等提供了强大的助推力。人工智能技术的应用范围涵盖图像识别/合成、语音识别/合成、文本识别/合成、视频检测/合成、恶意程序检测/生成等各个领域。人工智能技术与不同应用的耦合程度不断加深，社会生活中随处可见人工智能的身影，如移动终端中的人脸/声纹/指纹识别、自动驾驶系统中的行人/车辆/标识识别、社交媒体上的虚假文本/音频/视频检测等。

从 1956 年达特茅斯会议上的首次提出，到 20 世纪后半叶经历两次大的发展低潮，及至 21 世纪初焕发新机，迎来蓬勃发展时期，人工智能的概念及相关技术一直处在不断演变的过程中，新思路、新方法不断推出，新应用、新场景渐次涌现。从 2006 年深度学习（Deep Learning，DL）概念的提出到 2012 年深度卷积神经网络（Deep Convolutional Neural Networks）大幅提升针对 ImageNet 的图像分类准确率，深度学习与神经网络（Neural Networks，NN）的概念逐渐得到业界的普遍接受与广泛使用，以其为代表的人工智能技术逐渐走上了加速发展的快车道。

人工智能技术在人类社会应用的深度与广度不断拓展，间接影响了人类思维模式的转变。例如，早期人们倾向于设计简单清晰的规则，基于规则进行推理，对于输入如何导致输出的每一步骤都要求提供合理的解释，即强调因果关系。但在深度神经网络的训练及推理过程中，内部的特征提取和抽象过程通常难以解释，因而更强调关联关系。由此，在深度学习与神经网络技术的学习与实践过程中，需要在因果关系的推理和关联关系的挖掘之间找到平衡。

本书对人工智能技术中的深度学习与神经网络相关基本概念、基础知识、优化策略、正则化方法，以及常见的两类神经网络（卷积神经网络和循环神经网络）的基本原理、网络结构、应用案例等进行介绍。本章首先介绍人工智能、深度学习、神经网络的基本概念，然后介绍典型深度学习系统的基本架构，对比分析当前主流的深度学习框架，最后对当前常见的深度学习应用及人工智能潜在的安全风险进行介绍与分析。

1.1 人工智能

"人工智能"一词最初由约翰·麦卡锡（John McCarthy）在 1956 年夏季举办的达特茅斯会议上提出。虽然其名称中包含"人工"一词，但麦卡锡最初的目标是构建"真正的"智能，而非"人工的"智能。但经过半个多世纪的演进，尤其是随着人工智能与其他学科的交叉融合发展，人们对人工智能概念的定义与理解也在逐步改变。一种观点认为，人工智能是相对于人类智能（Human Intelligence，HI）而言的，即通过人工创造一个能像人类一样思考、决策、行动的智能系统。也有观点认为，人工智能是对人类智能的模拟、延伸、拓展，甚至超越。从实践层面而言，人工智能主要利用数字计算机来模拟人类智能，进而实现对环境的智能感知、对知识的主动学习、对路径的自主决策、对行动的自动执行等，可称之为"机器智能"。对于如何测量机器的智能程度，阿兰·图灵（Alan Turing）在《计算机器与智能》（*Computing Machinery and Intelligence*）一文中提出通过图灵测试（Turing Test）来测量机器的智能程度，后来衍生出了视觉图灵测试等测量方法。人工智能的研究绕不开与人类智能的比较，相比之下，可以将人工智能分为弱人工智能和强人工智能。

弱人工智能也被称为专用人工智能，只针对特定问题具备特定智能，并不像人类一样在很多领域具备智能。迄今为止的人工智能系统均属于弱人工智能，只能在特定领域表现出与人类类似或超越人类的智能，但无法适应不断变化的复杂环境及在不同领域之间迁移。当前人工智能技术在图像识别、语音识别、机器翻译等应用领域都有接近或超越人类的水平，但在新类型的数据或样式上的表现并不尽如人意。

强人工智能也被称为通用人工智能，是具有真正的思维能力，达到或超越人类智能的智能。强人工智能能够适应外部环境的复杂变化，在多个领域都能达到很高的智能水平。达到强人工智能的途径既可以是模拟人类智能，也可以是与人类思维模式不同的其他途径。但就当前人工智能技术的发展趋势而言，很难在短期内实现强人工智能。

从学科发展的角度来看，人工智能已经成为当前的热门交叉学科，其涵盖的学科主要包括数学、计算机科学与技术、软件工程、控制科学与工程、系统科学、信息与通信工程等，课程涵盖概率论、数理统计、机器学习、数据挖掘、计算机视觉、自然语言处理、智能控制与决策、脑科学与类脑智能、人工智能模型与理论等。人工智能正处在快速发展阶段,其所涉及的学科与课程也处在动态变化之中,会随着技术的发展而不断调整。

从技术发展的历史脉络来看,人工智能从概念的提出到当前的蓬勃发展,其间并非一帆风顺,而是经历了多个高潮与低谷,在曲折中不断前进。综观人工智能的发展过程,其中出现过不同的技术流派,也诞生了很多经典的智能系统,对当前的人工智能发展具有很大的启示意义。

1.1.1 人工智能技术的发展历程

从 20 世纪 50 年代中期人工智能概念的提出到当前深度学习技术的突飞猛进,人工智能的发展历程大致可分为 3 个阶段。第一阶段是 20 世纪 50 年代中期至 70 年代末。这一阶段出现了基于抽象数学推理的可编程数字计算机,人们试图将问题符号化,然后通过数学逻辑的方式来实现人工智能。但现实中很多事物难以进行形式化的符号表达,由此建立的推理模型存在一定的局限性,人工智能在经历了起步发展后第一次进入低谷期。第二阶段是 20 世纪 80 年代初至 90 年代末。数学模型在这一阶段有了较大的突破,人们在很多领域建立了专家系统,人工智能从理论研究走向专业知识应用。但专家系统对开发人员的专业知识要求很高,进而造成开发成本高昂,加上当时的专家系统在知识获取、决策推理等方面仍存在诸多不足,人工智能在经历了应用发展后再次进入低谷期。第三阶段是 21 世纪初至今。深度学习与神经网络在这一阶段迎来了蓬勃发展,随着数据的快速积累、计算能力的大幅提升、理论算法的革新涌现,在数据、算力、算法的共同推动下,人工智能在很多应用领域取得了突破性进展,当前正处于第三次大的繁荣发展时期。人工智能的大致发展历程如图 1-1 所示。

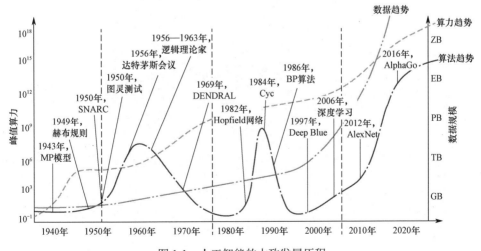

图 1-1 人工智能的大致发展历程

人工智能的概念虽然在 1956 年才被提出，但支撑其发展的相关理论却在其之前就得到了孕育和发展。在思想方面，20 世纪上半叶有很多关于智能机器人的科幻小说出版，智能的概念被很多人所接受。在技术方面，早在 1943 年，沃伦·麦卡洛克（Warren McCulloch）和沃尔特·皮茨（Walter Pitts）就结合基础生理学知识和脑神经元的功能，提出了一种由阈值逻辑单元（Threshold Logic Unit，TLU）实现的人工神经元，被称为 McCulloch-Pitts 模型，也称 MP 模型，如图 1-2 所示。MP 模型中的每个神经元（MPNeuron）都有"开"和"关"两个状态，当一个神经元受到足够数量邻居神经元的刺激后，其状态就会从"关"转换到"开"。由此，任何可计算的函数都可以通过神经元组成的网络来计算，所有逻辑连接词（"与""或""非"等）都可以通过简单的网络结构来实现。1946 年，第一台通用电子计算机——电子数字积分计算机（Electronic Numerical Integrator and Computer，ENIAC）诞生，其每秒能够进行大约 5000 次计算，比当时其他所有机器快 1000 倍，理论上能够处理任何计算问题。1949 年，唐纳德·赫布（Donald Hebb）提出了一种用于修改人工神经元之间连接强度的更新规则，称为赫布型学习（Hebbian Learning）规则。在前述针对人工神经元的理论研究基础上，马文·明斯基（Marvin Minsky）和迪恩·埃德蒙兹（Dean Edmonds）于 1950 年建造了第一台神经模拟计算器——随机神经模拟强化计算器（Stochastic Neural Analog Reinforcement Calculator，SNARC），其使用了 3 000 个真空管来模拟由 40 个神经元组成的网络。同年，阿兰·图灵在《计算机器与智能》一文中提出了"图灵测试"的概念，通过问答的方式来测试机器的智能，无论机器的内部思维过程如何，只要其对问题的回答与人类的回答难以区分，就可以认为该机器具有智能。至此，人工智能的产生所必需的思想、理论和物质条件已基本成熟。

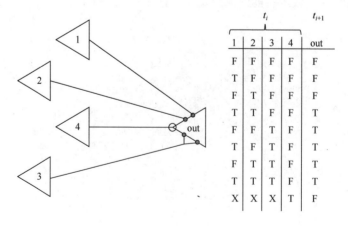

$$N_{out}(t+1) = ((N_1(t) \cdot N_2(t)) \vee N_3(t) \cdot \sim N_4(t)$$

图 1-2 MP 模型及其真值表

1956 年，在达特茅斯会议上，约翰·麦卡锡等人正式提出“人工智能”的概念，标志着这一研究领域的正式诞生。达特茅斯会议为期 2 个月，共有 10 位来自各研究机构的学者参会，预期通过不同领域学者的思想碰撞与集中研讨，在机器模拟智能方面取得重大进展。该会议中的提案（节选）如图 1-3 所示。虽然此次会议期间并未取得新突破，但当时的与会学者都对人工智能的未来充满了热情与信心，也引领了此后多年人工智能的发展潮流。

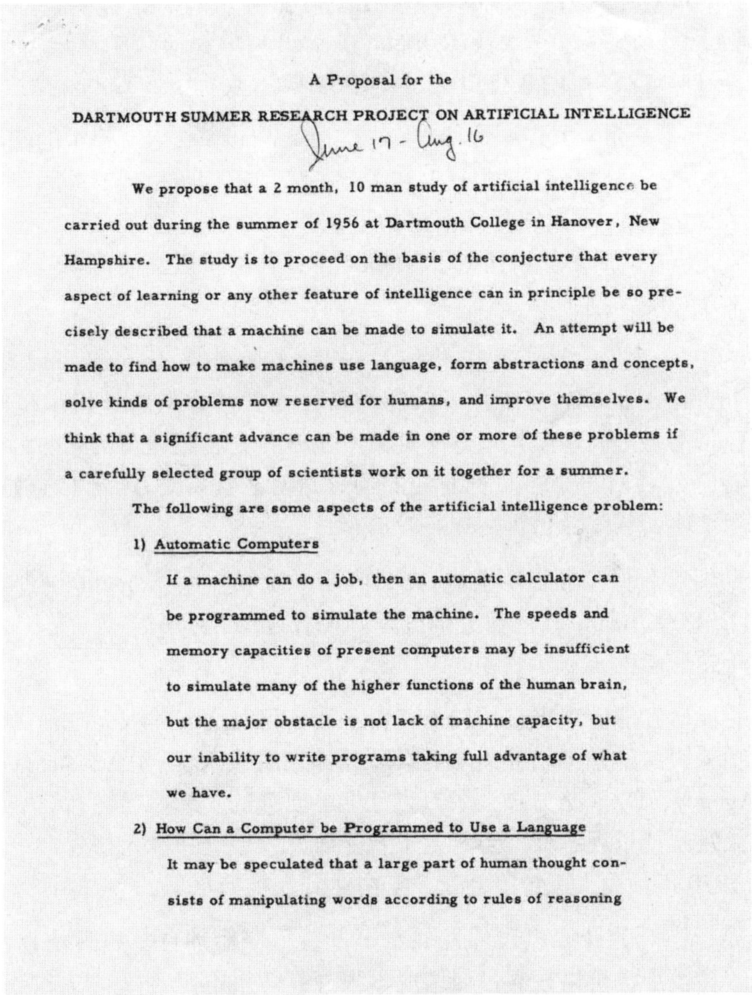

A Proposal for the

DARTMOUTH SUMMER RESEARCH PROJECT ON ARTIFICIAL INTELLIGENCE

June 17 - Aug. 16

We propose that a 2 month, 10 man study of artificial intelligence be carried out during the summer of 1956 at Dartmouth College in Hanover, New Hampshire. The study is to proceed on the basis of the conjecture that every aspect of learning or any other feature of intelligence can in principle be so precisely described that a machine can be made to simulate it. An attempt will be made to find how to make machines use language, form abstractions and concepts, solve kinds of problems now reserved for humans, and improve themselves. We think that a significant advance can be made in one or more of these problems if a carefully selected group of scientists work on it together for a summer.

The following are some aspects of the artificial intelligence problem:

1) Automatic Computers

If a machine can do a job, then an automatic calculator can be programmed to simulate the machine. The speeds and memory capacities of present computers may be insufficient to simulate many of the higher functions of the human brain, but the major obstacle is not lack of machine capacity, but our inability to write programs taking full advantage of what we have.

2) How Can a Computer be Programmed to Use a Language

It may be speculated that a large part of human thought consists of manipulating words according to rules of reasoning

图 1-3　达特茅斯会议提案（节选）

达特茅斯会议后，人工智能的发展逐渐走上了快车道，进入第一个繁荣期。会上大多数学者认同使用表（List）进行逻辑推理的优点，即在推理的过程中，表可以扩展、收缩和重组。因此，表处理语言（List Processing Language）在此后获得了进一步发展，如 IPL、FLPL、LISP 等。其中，麦卡锡于 1956—1958 年构思设计的 LISP 语言中所有的数据都用表来表示。表不仅能够表示标准的数学结构，也能表示自然语言中的语句结构，其程序由一系列函数组成，且函数的构造与数学上的递归函数类似。LISP 语言当时在 IBM 的 704 计算机上可以高效运行，其与 1973 年诞生的 PROLOG 语言对后续一段时期人工智能的快速发展产生了深远的影响。IPL 语言被艾伦·纽厄尔（Allen Newell）和赫伯特·西蒙（Herbert Simon）等人用于开发"推理程序逻辑理论家"（Logic Theorist），在 1956 年证明了伯特兰·罗素（Bertrand Russell）所著《数学原理》（*Principia Mathematica*）一书第 2 章的 38 条定理，1963 年证明了全部 52 条定理。

1958 年，弗兰克·罗森布拉特（Frank Rosenblatt）在 MP 模型的基础上提出了感知器（Perceptron），简化了 MP 神经元中用于进行预处理的关联单元，直接通过神经元来模拟人类识别复杂信息的过程。感知器的仿真一开始在 IBM 的 704 计算机上开展，后来作者建造了 Mark I 神经计算机以提高仿真效果，可实现对一些英文字母的识别。

1969 年，艾伦·纽厄尔和赫伯特·西蒙等人提出了通用问题求解器（General Problem Solver，GPS），以期为多种类型问题的求解提供核心过程集合，主要包括问题空间和变换规则的定义。GPS 首先将整体要达到的目标分解为若干子目标，然后对每个子目标对应的问题进行求解，适用于有明确定义的问题，如几何证明、国际象棋等。

在此期间，几何定理证明器（1959）、西洋跳棋程序 Sameul（1959）、人机对话程序 ELIZA（1966）、几何类推程序 ANALOGY（1968）等一系列人工智能程序或系统先后问世。

人工智能研究的迅速推进，加上达特茅斯会议与会者的大力游说，美国政府部门，包括美国国防部下属的国防高级研究计划局（Defense Advanced Research Projects Agency，DARPA）加大了对人工智能研究的资助。当时人们普遍对人工智能的未来发展持乐观态度，当时人工智能研究领域的领军人物之一马文·明斯基甚至在 1970 年预测人工智能会在 8 年内达到人类的水平。

但受限于当时的计算机硬件发展水平，投入应用的计算机普遍计算速度较慢、存储容量较小、价格较高，使用成本很高且效果不明显。而以单层神经网络为基础的感知机存在缺陷，无法解决异或等线性不可分问题。此外，这一阶段开发的人工智能程序主要面向数学问题或简单应用问题的求解，大多通过执行固定的指令来解决特定的问题，并不具备真正的学习和思考能力，在面对实际问题时适应性不够、实用性不强。加上此前的乐观估计使人们的期望过高，当现实与期望之间的落差太大时，人工智能的研究遭到了各界的批判。由此，各国政府对于人工智能研究的资助经费大幅削减，人工智能的研究逐渐进入第一个低谷期。

低谷期的研究工作仍然在持续开展。在这一时期，人们逐渐认识到知识对人工智能的重要性。早在 1958 年，麦卡锡就提出将常识（Common Sense）写入程序，并设计了一个使用逻辑来表示计算机中信息的程序 Advice Taker，但这一想法并未完全实现。后来爱德华·费根鲍姆（Edward Feigenbaum）等人在 1968 年开发的分子结构推断程序 DENDRAL 中使用了大量的专用规则，建立了第一个得到成功应用的知识密集专家系统。之后，他们吸收了 Advice Taker 的思想，把知识（规则）和推理部件进行了分离，使知识的表示更加清晰。在 DENDRAL 的基础上，费根鲍姆等人开发了诊断血液传染的 MYCIN 程序。该程序包含 450 条规则，能够表现得和某些医学专家一样优秀。其他沿着 DENDRAL 的思路开发的系统还包括 MOLGEN、MACSYMA、PROSPECTOR、XCON、STEAMER 等。1984 年由道格拉斯·莱纳特（Douglas Lenat）开发的 Cyc 项目持续运行到现在，该项目将常识以本体的形式编码进机器中，本体包括概念和事实，并通过规则解释它们之间的关系，现有规则数超过 2 450 万条。

基于领域知识的专家系统的成功使当时的人们认识到，人工智能应该是一个知识处理系统，需要在知识的获取、表示和利用方面深入开展研究。为此，知识工程受到人们的普遍重视，各国纷纷加大资助力度，人工智能从理论研究向实际应用逐步迈进。随着知识工程的不断推进，具有更强的可视化效果的决策树模型及具有更好的泛化表征能力的多层神经网络不断出现，人工智能的发展逐渐复苏。

1982 年，日本开启了"第五代计算机"（五代机）项目，计划利用 10 年时间构建一个具有 1000 个处理单元的并行推理机，连接 10 亿信息组的数据库和知识库，实现计算机从计算与存储的结构向能直接推理与知识处理的新结构过渡，使推理速度提升 1000 倍，同时具备听说能力。在日本五代机项目的刺激下，美国和英国政府逐步恢复了对人工智能研究项目的资助，以保证国家竞争力。在此后数年，各类型的专家系统、视觉系统、机器人及配套的专用硬件和软件被开发出来，人工智能的发展呈现出一片繁荣的景象。

在专家系统蓬勃发展的同时，神经网络相关技术也在不断发展。1982 年，约翰·霍普费尔德（John Hopfield）提出了基于感知器组合的 Hopfield 网络，克服了感知器无法解决异或问题的缺陷。Hopfield 网络中的神经元采用全连接形式，对于 K 个内部节点，具有 $K(K-1)$ 条连接边，每条边对应一个权重。由此，神经元之间通过前向和后向传递信号实现闭环反馈，最终达到稳定状态。当时对于神经网络权重的计算效率较低，大卫·鲁梅尔哈特（David Rumelhart）、杰弗里·辛顿（Geoffrey Hinton）和罗纳德·威廉姆斯（Ronald Williams）于1986年提出的反向传播（Back Propagation，BP）算法有效地解决了这一问题。BP算法以梯度下降法为基础，通过反复调整网络连接的权重，最后使网络的实际输出向量和真实输出向量之间的差值最小化。

受限于当时的硬件存储和算力水平，计算机难以模拟大规模的复杂神经网络，实际表征能力有限。此外，随着专家系统应用的不断深入，其暴露出诸多问题，如知识不易获取、领域知识专业要求高、推理能力较弱、更新迭代和维护成本高昂等。1987年，因成本效益等原因，以 LISP 语言的系统函数作为机器指令的 LISP 计算机市场崩溃，美国政府大幅削减对人工智能项目的资助预算，日本的五代机项目也在1992年因失败而告终，人工智能的研究进入了第二个低谷期。

在这一低谷期，同样有研究工作在持续开展。计算机性能的不断提升和互联网技术的快速发展为人工智能进入下一个繁荣期奠定了基础。1995年，理查德·华莱士（Richard Wallace）在 ELIZA 的基础上，利用互联网收集了大量样本数据，开发了聊天机器人 ALICE。1997 年，于尔根·施密德胡伯（Jürgen Schmidhuber）和塞普·霍克赖特（Sepp Hochreiter）提出了长短期记忆网络（Long Short-Term Memory，LSTM），其在后来的手写体识别、语音识别等领域得到了广泛应用。同年，IBM 公司研制的"深蓝"（Deep Blue）程序战胜了人类国际象棋世界冠军加里·卡斯帕罗夫（Garry Kasparov），标志着人工智能的新一轮复苏。

进入 21 世纪后，在摩尔定律和互联网的加持下，人工智能的发展逐步走上了快车道。2006年，辛顿提出使用多层神经网络来实现特征的表示与学习，为后来深度学习的快速发展奠定了框架基础。2007 年，ImageNet 数据集发布，为后来图像领域人工智能技术的发展奠定了数据基础。2009 年，吴恩达（Andrew Ng）等人提出使用图形处理器（Graphics Processor Unit，GPU）进行深度无监督学习，显著提升了深度学习模型的训练速度。2011 年，IBM 公司开发的自然语言问答系统 Waston 击败人类世界冠军，机器的自然语言理解能力进一步提升。2012 年，辛顿指导其学生亚历克斯·克里泽夫斯基（Alex Krizhevsky）设计实现了包含 65 万个神经元的深度卷积神经网络 AlexNet，在之后的 ImageNet 图像分类竞赛中大幅提升了图像分类的准确率，为后续相关模型的学习训练提供了新基准。2016 年，谷歌公司旗下的 DeepMind 公司发布围棋比赛程序 AlphaGo，击败了围棋世界冠军李世石。AlphaGo 改变了以往单独使用神经网络的方式，它采用了 4 个卷积神经网络，其中 3 个策略网络用于选择围棋落子的位置，一个价值网络用于评估棋局。此后，AlphaZero、AlphaStar、AlphaCode、AlphaTensor、

AlphaFold 等系列面向不同应用领域的智能程序相继发布，人工智能从学习他人经验逐渐向自主学习演变，智能水平进一步提高。

综观人工智能技术的演变历程，当前广泛使用的神经网络等概念与方法在半个多世纪前就已经诞生，但在当时的计算机上无法开展大规模的仿真验证，从而无法体现出这些概念与方法本身的优势。随着计算机性能的不断提升、大规模数据的便捷获取、学习算法的加速创新，人工智能的发展呈现逐渐加速的趋势。人工智能已深度融入经济社会发展的各个层面，未来必将继续向前演变发展，但能否实现当初在达特茅斯会议上设定的目标，或者是否会进入第三个发展低谷期，仍然是个未知数。

1.1.2 人工智能技术的流派

人工智能的发展目标相对统一，但发展路径与技术方法存在较大差异。在探索发展人工智能的过程中，不同学科背景、不同应用领域、不同时代的学者所采用的技术方法既相互借鉴，又存在立场逻辑上的争论，历史上具有较大影响力的流派主要包括符号主义、连接主义和行为主义。

1.1.2.1 符号主义

符号主义（Symbolicism），又称逻辑主义（Logicism）、心理学派（Psychlogism）或计算机学派（Computerism），认为人工智能源于数学逻辑，通过使用逻辑符号可以描述人类的认知过程，进而实现对人类抽象逻辑思维的模拟。符号主义同时认为逻辑知识可以用一组规则表示，计算机作为一个物理符号系统，可以通过计算机程序来操纵这些规则，实现对符号的运算，进而达到向计算机教授知识的目的。由此，如果一个符号系统有足够的结构化知识和前提，则通过对知识的聚合，最终将产生通用的智能。

符号主义在人工智能发展的早期占据主导地位，诞生了"逻辑理论家"、集合定理证明器等一系列人工智能程序。符号主义的两个主要假设，即物理符号系统假设和有限合理性假设，也在早期被提出。物理符号系统假设认为物理符号系统是实现智能行为的充要条件；有限合理性假设则认为对于某些问题的求解，只能通过启发式搜索的方式得到有限合理的解。但此类程序中的规则数量通常有限，大多只能通过执行固定的指令来进行推理，并不具备真正的逻辑推理能力，无法解决实际的复杂问题。随着知识工程的不断发展，结合了领域知识和逻辑推断的专家系统大量出现，符号主义在工程应用领域得到了长足发展。但低成本个人计算机的出现，使专家系统的开发和维护成本显得高昂，从而使专家系统的发展步伐有所放缓。

1.1.2.2 连接主义

连接主义（Connectionism），又称仿生学派（Bionicsism）或生理学派（Physiologism），认为人工智能源于仿生学，通过对人脑神经系统结构的仿真，可以实现对人类思维的模拟。连接主义通过构建人工神经元并将其进行连接来模拟人脑神经系统的结构和功能，主要涉及人工神经网络的结构设计、连接机制、学习算法等的研究。

连接主义最早基于 MP 模型构建单个人工神经元和感知机，此后通过 Hopfield 网络解决异或问题。神经网络使用 BP 算法来提升计算效率，之后使用多层神经网络来实现特征的表示与学习，助推深度学习在当前领域的广泛深入应用，成为当前人工智能研究的热点。

1.1.2.3 行为主义

行为主义（Actionism），又称进化主义（Evolutionism）或控制论学派（Cyberneticsism），认为人工智能源于控制论，可通过"感知-行动"反应机制使机器产生智能行为。行为主义强调机器的智能来自与环境的交互，通过不同的行为模块与周围环境的不断交互，机器就可以产生复杂的智能行为，而无须进行知识表示和逻辑推理。机器的行为模块通常与人类的感知、决策、执行行为相对应，因而行为主义通常以机器为载体对人类的行为进行模拟，最终使机器能够做出与人类同样的智能行为。

行为主义的发展深受控制论的影响，早期研究的重点是模拟人在控制过程中的智能行为和作用，如对自组织、自学习、自适应等理论的研究。后来逐渐发展到对智能控制、智能机器人等的研究，如罗德尼·布鲁克斯（Rodney Brooks）研发的六足机器人等。

人工智能技术的各个流派各有优缺点，互相之间也持续借鉴成长。整体而言，符号主义偏向抽象思维，将物理世界进行符号化处理；连接主义偏向形象思维，将思维过程类比人脑神经系统的处理过程；行为主义偏向感知思维，强调从应用环境中学习。符号主义可以对规则进行清晰的编码和执行，几乎不需要学习训练即可实现逻辑推理，且推理的过程和结果具有良好的可解释性，在高风险、高可靠领域具有优势。但对于噪声输入、概率模型等无法精确建模的场景，符号主义的效果不佳。连接主义通过模拟人类大脑神经元的运行方式来接收信息并自行理解，即从数据中不断学习知识，进而将学到的知识进行逻辑推理，适用于各类应用场景。但连接主义的学习过程具有"黑箱"特性，推理结果的可解释性较差。行为主义可以通过与环境的不断交互学习来提升机器的行动能力，对规则知识的要求较低，适合数据缺乏但交互频繁的场景。

当前人工智能的发展越来越注重技术的融合，如 OpenAI 公司开发的机器人手同时使用神经网络和符号规则，使用神经网络进行感知，利用符号规则进行推理，通过混合方式提高执行效率和可解释性，被称为神经符号（Neuo-symbolic）系统。而 DeepMind 公司开发的 AlphaGo 系列程序融合了连接主义和行为主义的思想，通过状态感知、价值评估、回传拓展等行为不断迭代学习获取经验，利用深度强化学习技术显著提升了问题自主求解的效率。

1.2　深度学习与神经网络概述

深度学习与神经网络在近年来得到了广泛应用，很多时候人们对两者不做区分，但两者仍然存在差异。深度学习（Deep Learning，DL）是相对于浅层学习（Shallow Learning，SL）而言的。浅层学习主要指人工智能研究早期提出的多种学习模型，如支持向量机（Support Vector Machine，SVM）、逻辑回归（Logistic Regression，LR）、多层感知器（Multi-Layer Perceptron，MLP）等，大致可将其视为没有隐藏层（如 LR）或只有一个隐藏层（如 SVM、MLP）的模型结构。其中，MLP 属于浅层的神经网络，为基于统计模型的机器学习热潮奠定了基础。但由于 MLP 在学习过程中容易过拟合且参数比较难调，加上学习效果并不显著好于 SVM、LR 等同期模型，因此中间经历了一段沉寂期。直到 2006 年前后，辛顿等人提出使用深度学习进行表征学习，MLP 才再次进入大众视野。相对于浅层学习，深度学习通过多隐藏层实现对特征的逐层抽象，将数据的特征表示变换到新的特征空间，从而能够学到数据更加本质的特征，最终显著提升针对复杂问题的泛化能力。因此，可以认为深度学习与神经网络的技术路线相互交织，但并不完全一致，深度学习也可以通过拓展其他学习模型的深度来实现。但对大多数应用场合而言，无须对两者进行严格区分，通常以深度学习指代深度神经网络。

1.2.1　深度学习与神经网络技术的发展历程

深度学习虽然从 2006 年开始逐渐被大众所熟悉，但其技术发展脉络从 20 世纪 40 年代绵延至今，经历了多个周期的跌宕起伏及与其他技术方法的交叉融合。深度学习早期主要以神经网络的形态出现，穿插于人工智能各个阶段的发展过程中。早在 1904 年，生物学家就基本掌握了神经元的组成结构和信息传递过程，即神经元主要由细胞核、树突、轴突和轴突末梢组成。神经元通过多个树突来接收传入的信息，然后通过细胞核处理信息，最后通过多个轴突末梢与其他神经元的树突建立连接，从而向其他神经元传递信息。神经元的基本结构如图 1-4 所示。

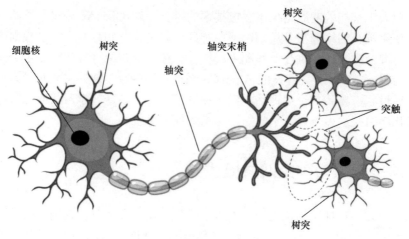

图 1-4   神经元的基本结构

第一个人工神经元出现在 MP 模型中，揭开了深度学习研究的序幕。MP 模型参照人类神经细胞的运行模式构造人工神经元，通过多个带权重的输入来模拟细胞树突，通过转换函数来模拟汇聚电信号的细胞核，通过阈值来确定外界刺激需要达到何种程度才能激活神经元，从而实现神经元开、关状态的转换，最后将状态结果输出。MP 模型将神经元视为一个具有多输入单输出的二值开关，通过不同方式的组合可以完成各种逻辑运算。MP 模型中每个输入通过权重来表征与神经元的耦合程度，但是权重值都是预先设置好的，并不具备真正的学习能力。尽管 MP 模型的功能比较单一，只能处理简单的线性可分问题，但其仍为神经网络的后续发展奠定了坚实的基础。MP 模型的基本结构如图 1-5 所示。

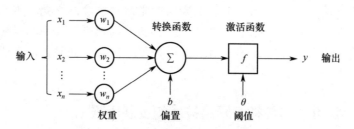

图 1-5   MP 模型的基本结构

1949 年，用于修改人工神经元之间连接强度的赫布型学习规则被提出，其认为学习现象的发生在于神经元之间突触连接强度的变化。这一思想促使后续研究注重考虑通过调整神经元连接权重来让机器自动学习知识。1957 年，融合 MP 模型和赫布型学习规则的感知器被提出，引入了学习的概念，神经网络的发展向前迈了一大步。感知器由多个相互独立的 MP 神经元组成，每个神经元的输入都相同，但输入对应的权重会在学习的过程不断更新，最后通过对输入的加权求和及阈值比较得到输出结果。感知器中权重的学习更新基于对损失函数的最小化计算，即根据输出值与真实值之间的误差来不断调整权重。感知器通过权重的更新进行学习，加上后来在神经计算机 Mark I 上的成功仿真运行，人们对神经网络的发展给予了更多的关注与期待。感知器的基本结构如图 1-6 所示。

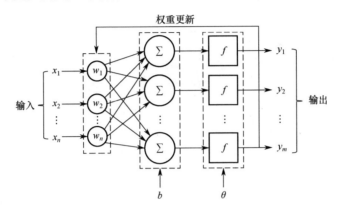

图 1-6　感知器的基本结构

但是，以单层神经网络为基础的感知器的函数近似能力有限，无法有效解决异或等线性不可分问题。在各种因素的影响下，神经网络与人工智能的发展同步陷入了低谷期。转折点直到 20 世纪 80 年代才出现，随着多层感知器和反向传播算法在理论研究方面取得新突破，神经网络从浅层逐渐走向深层。

单层神经网络在本质上只进行了一次映射变换，模型的表示能力受限。通过增加神经元的层数来增强模型的表示能力成为改进的一个方向，多层感知器应运而生。感知器只有输入层和输出层，而多层感知器在此基础上增加了一个位于中间的隐藏层，隐藏层带有运算单元和激活函数。多层感知器一般被称为两层神经网络，通常数据从输入层节点经过隐藏层节点向前传递，最后到达输出层节点。多层感知器中的数据在传递的过程中没有向后的反馈，与受限玻尔兹曼机（Restricted Boltzmann Machines，RBM）类似，被称为前馈神经网络。类似Hopfield 网络、玻尔兹曼机（Boltzmann Machines）等有向后的反馈的网络，则被称为反馈神经网络。多层感知器的基本结构如图 1-7 所示。

感知器层数的增加对模型参数的求解运算提出了更高的要求，增加中间隐藏层后的计算量太大，现有的求解算法并不适用。同时，多层感知器在训练时需要首先固定一层的权重，才能训练另一层的权重，学习效率较低。但此后基于误差反向传播的 BP 算法的出现改变了这一现状，促进了后来各界对多层感知器的广泛研究与应用。神经网络的本质在于通过对权重的学习来拟合数据特征和目标之间的真实函数关系。感知器无法应对线性不可分问题，而多层感知器通过中间隐藏层的权重参数矩阵对输入数据进行特征变换，从而使其变得线性可分。但是，权重参数的计算过程很复杂，通常将其视为一个优化问题，进而使用梯度下降（Gradient Descent）法求解参数的最优解。由于多层感知器结构复杂，计算梯度的代价很大。而 BP 算法在梯度下降法的基础上，利用神经网络的结构从后往前逐层计算，首先计算输出层的梯度，然后计算中间层的梯度，最后计算输入层的梯度。BP 算法通过将梯度计算过程逐层分解，使多层感知器的学习效率大大提高。

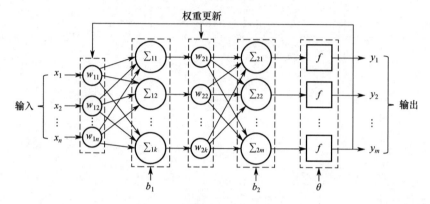

图 1-7 多层感知器的基本结构

神经网络在这一阶段得到了较大的发展，网络结构和学习算法都有了显著改进。人们对神经网络的认识也逐渐发生了变化，一方面，从早期受生物学启发建立人工神经元，竭力模拟人脑神经网络，到后来重点转向求解数学问题的最优解，将生物学和数学更加紧密地结合在一起；另一方面，神经网络不仅是一个优化问题，在已有数据特征上求得最优解并非终极目标，而应该通过不断学习获得更加一般化的知识，使神经网络能够处理未知数据，即提高算法的泛化性。由此，在生物学和数学之间互相学习、补充完善，在优化问题和泛化性之间取得平衡成为神经网络研究过程中的重要认识。

但也需要注意，这一阶段的神经网络算法在学习过程中容易陷入局部最优且参数比较难调，在当时的硬件设备上计算效率也较低。后来出现的 SVM 算法通过核函数弥补了感知器只能解决线性问题的不足，通过将数据特征映射到更高维的空间，原本在低维空间不可分的数据样本在高维空间变得可分。SVM 可以实现多层感知器的功能，且无须人工调整参数，计算效率较高，能得到全局最优解。与 SVM 相比，多层感知器的学习效果并不具备显著优势，神经网络的发展再次进入低谷期。

新的转折点出现在 2006 年辛顿等人提出深度信念网络（Deep Belief

Network，DBN）这一概念之后。此后，神经网络的层数和神经元个数持续增加，神经网络内部的连接结构和参数调整方式也在不断演变，适应不同领域的神经网络结构和算法不断涌现。深度学习从此逐渐走进大众视野，深度学习与神经网络的发展进入了新阶段。

多层神经网络在学习训练的过程中对神经元连接的初始权重很敏感，随机设定的初始权重可能会使求解过程陷入局部最优。为此，深度信念网络采取了与以往不同的学习训练方式，首先通过预训练（Pre-training）为每层神经元设定初始权重，之后通过微调（Fine-tuning）技术对整个网络进行优化。深度信念网络通过采用逐层训练的方式，每层只需要学习如何编码前一层神经元的输出，通过不断获取局部最优解，最终得到一个即使不是全部最优，也可接受的解。在深度信念网络的基础上，各种改进和优化方法不断涌现，人们对神经元之间的连接方式、权重的计算过程等进行了很多探索实践。多层神经网络的基本结构如图 1-8 所示。

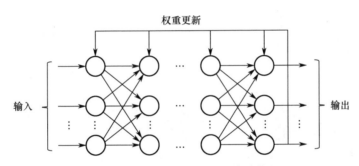

图 1-8 多层神经网络的基本结构

随着神经网络层数的增加，其能够学习的特征更加抽象，进而可通过这些抽象的特征来处理一般化的外部事物。网络参数的增多意味着网络容量的增大，在数学上可认为具备了更强的函数近似能力，能够近似表达任意函数。但网络容量的增大也可能导致过拟合，即使神经网络将见到的数据特征全部存储在参数中，也可以达到很高的训练准确率，但此时网络并没有真正学到数据的抽象特征知识，对未知数据缺乏处理能力。因此，在后续的发展过程中，一方面，为了提升网络容量，不断增加网络层数、增加每层的神经元数量，目前很多深度学习模型的网络层数都超过 100 层，参数规模达到千亿级别，网络容量正在快速增长；另一方面，为了防止过度拟合训练数据，提高深度学习模型的泛化性，正则化技术（Regularization）成为人们的关注点，如目前使用较多的 L_1 正则化、L_2 正则化、Dropout 技术、数据增强（Data-augmentation）等。

1.2.2　深度学习与神经网络的前沿技术

深度学习与神经网络技术目前正处于快速发展时期，网络架构不断推陈出新，学习算法不断优化升级，应用领域不断深化拓展，技术发展呈现一片繁荣景象。本节对当前深度学习与神经网络领域的部分前沿技术进行概括介绍，本书后文会对当前应用较多的卷积神经网络和循环神经网络做详细介绍。

1.2.2.1　迁移学习

深度学习的知识来自数据，当某些领域无法获得足够多的数据时，模型的训练效果通常不尽如人意。此时，利用数据、任务或模型之间的相似性，将从其他领域数据中学到的知识进行迁移，应用到当前领域，可以在少量数据上以较小的计算代价生成新模型。迁移学习（Transfer Learning）把已经训练好的模型参数迁移到新领域模型中，并根据新领域的已有数据对模型进行微调。迁移学习可以降低训练数据需求，缩短模型生成时间，满足个性化模型生成，但当前的迁移学习技术对迁移领域之间的相似性要求较高，应用范围相对受限。

1.2.2.2　深度增强学习

增强学习（Reinforcement Learning）也称强化学习，源于行为主义流派，通过让智能体不断地行动，进而与所处环境进行交互，并根据环境的反馈信息进行不断的试错学习，可将其看作一种基于环境反馈做决策的通用框架。通过在增强学习的不同环节引入深度学习，将深度学习的感知能力和强化学习的决策能力相结合，就形成了深度增强学习。利用深度增强学习来估算智能体的行动价值、行动策略和行动收益，可以有效提升增强学习应对复杂环境的能力。以 AlphaGo 系列为代表的强化学习算法极大地促进了深度增强学习的发展，未来面向更多应用领域的多智能体算法还有很大的开发空间。

1.2.2.3　图神经网络

现实世界中很多数据样本并非独立的，而是以图的形式与其他样本相关联的。传统的深度学习方法虽然取得了很大的成功，但对图数据的处理效果不尽如人意。为此，借鉴深度学习的思想，用于处理图数据的图神经网络（Graph Neural Network，GNN）应运而生。图神经网络通过将卷积运算、注意力机制、自编码机制等技术从传统数据推广到图数据，形成了图卷积网络、图注意力网络、图自编码器、图生成网络、图时空网络等适合不同类型数据的网络结构。

1.2.2.4　基础模型

深度学习的应用领域广泛，各领域都可以收集数据并训练多样化的模型，但也由此造成了模型的碎片化问题，对通用问题的解决能力不足。基础模型

（Foundation Model）也称大模型，通过预训练的方式从大量标记和未标记的多模态数据中学习知识，进而构建一个能完成多个任务的具有较强泛化能力的基础模型。面向具体应用时，只需使用几个领域的数据对基础模型进行微调即可。基础模型的能力提升能快速传导至应用领域。基础模型的参数规模通常达到百亿、千亿甚至万亿级别，因此其训练成本高昂，通常由大型机构主导。

1.2.2.5　可解释性

深度神经网络具有很好的模型表示能力，能够拟合几乎任意函数，但对于模型究竟学到了哪些知识，最终是以什么样的决策序列得出结论的，缺乏完备的解释。神经网络可以从数据中发现特征与标签之间的关联关系，但关联关系并不等同于因果关系。因此，需要在模型构建之前、之中、之后提供尽可能多的关于数据或模型的可理解信息，一方面辅助人类理解模型的行为和结果，另一方面为诊断、发现、修复算法模型的内在缺陷提供指导。

1.2.2.6　人机协同

早期的人工神经网络研究以模拟人脑神经网络为目标，设计开发了多种神经网络结构，但以此为基础的人工智能始终无法达到人类智能的水平。机器在计算、存储、搜索等方面具有明显优势，而人类在感知、归纳、推理等方面优势明显。人机协同试图结合机器与人类各自的特长，通过更加自然的交互方式提升处理复杂问题的能力。对于复杂的任务，人机协同算法需要对任务进行拆分、分配、跟踪、协调等，以使机器和人类的特长得到最大限度的发挥，最终的结果具有协调一致性。

1.2.2.7　软硬结合

神经网络在发展初期就已经在各种类型的硬件计算设施上开展学习训练，诞生了很多专门为神经网络优化设计的计算机。后来由于通用计算机的广泛使用，人们将研究重心放在了算法设计上。随着当前深度学习的普及，人们对智能算力的定制化需求快速增长，在工业控制、移动终端等特定领域，算法的设计开发与硬件的耦合程度逐渐加深。软硬结合，一体化开发深度学习算法和芯片成为加速应用落地的有效方式。

1.3　深度学习系统架构

深度学习在当前的快速发展是数据、算力、算法共同作用的结果，但三者各自发挥作用的阶段和层级存在差异。此外，深度学习面向具体领域的成功应用与技术本身的发展相得益彰，共同促进深度学习系统的快速开发与迭代升级。尽管不同类型的深度学习所采用的技术路线存在差异，但大致遵循如图 1-9 所示的系统架构。

图 1-9　深度学习系统架构

基础设施层提供基础的计算、存储、编译、调度等能力。在传统 CPU 计算的基础上，提供 GPU 并行计算、AI 定制芯片计算、FPGA 可编程计算等不同类型的基础算力资源。对不同类型的深度学习进行编译适配，解决不同计算芯片间、不同操作系统间的移植兼容问题，同时针对云端、移动端等应用场景进行优化。

计算框架层实现算法共性操作的封装。向下与基础软硬件驱动配合提高算力资源的使用效率，向上为算法模型的学习、训练、优化等过程提供集成开发工具库，提升智能模型开发的效率。

算法模型层实现深度学习算法的设计与模型的学习训练。基础算法包括卷积神经网络、循环神经网络、长短期记忆网络、深度信念网络、图神经网络等，可在此基础上进行优化改进，或者基于计算框架层设计新的算法。典型模型包括 AlexNet、YOLO、GPT 等，可根据实际应用需求进行微调优化，或者根据新算法训练得到新模型。

智能应用层聚焦实际应用场景，对智能模型进行包装并对外提供服务，并根据需求的变化进行升级优化。应用场景涵盖图像分析、视频分析、语音语义、自然语言处理、网络安全等各个领域。

1.4　深度学习框架

随着深度学习算法的日益复杂，系统开发人员需要花费大量的时间和精力在算法的具体实现上，系统开发效率较低、成本较高。不同类型的深度学习算法具有很多共同的特征，如采用多层设计，每层神经元的运算由一些基本操作构成。这些基本操作中存在大量的共性运算，如卷积、池化、激活等。通过隐藏算法实现的具体细节，将这些基本操作和共性运算进行不同层次的封装，进而通过应用程序接口（Application Programming Interface，API）提供给开发者调用，可以极大地减少系统开发的工作量，提升开发效率。沿着这一大致思路，基于不同设计理念的深度学习框架陆续发布，深度学习系统的开发门槛显著降低，应用范围加速拓展。

深度学习框架本身的架构、支持的编程语言、对外的 API 等一直处在不断的演变之中，版本更新迭代较快，当前比较主流的深度学习框架包括 TensorFlow、PyTorch、Caffe、MXNet、CNTK、PaddlePaddle 等。

TensorFlow 是谷歌公司于 2015 年发布的一款基于 Python 语言设计的开源深度学习框架，可运行在多 GPU 机器上，提供模型检查、可视化、序列化等系列配套模块。TensorFlow 将数据表示为多维数组形式的张量（Tensor），通过张量的流动（Flow）来实现数据的计算和映射。为高效处理不同应用场景中的深度学习问题，TensorFlow 在通用版本的基础上进一步开发了适配移动终端的深度学习框架 TensorFlow Lite、适配浏览器的 TensorFlow.js、适配工业生产的 TFX 等版本。

PyTorch 是脸书公司于 2017 年发布的一款基于开源数值计算框架 Torch，使用 Python 语言重新设计开发的深度学习框架。PyTorch 延续了 Torch 在多维矩阵数据操作上的计算架构，同样通过对张量的动态计算来实现深度学习模型的训练和推理。PyTorch 支持在移动终端部署并运行深度学习模型，支持针对图像、语音、文本等单一类型数据及多模态数据的深度学习模型训练。

Caffe 最初于 2013 年在加州大学伯克利分校创建，2017 年由脸书公司发布了新版本 Caffe2，并在次年将其合并到 PyTorch 项目中进行统一维护。Caffe 采用模块化设计原则，可以较为便捷地新增数据格式、中间隐藏层、损失函数等。此外，Caffe 提供与 MATLAB 的接口，可以充分利用 MATLAB 已有的数值计算库。

MXNet 于 2015 年开源，次年成为亚马逊公司的官方深度学习框架，支持 Python、C++、MATLAB 等多种编程语言，能够跨多个 GPU 进行任务分配与学习训练。MXNet 利用符号和命令的混合式编程接口 Gluon 来提升计算资源利用率和任务执行速度，支持在移动终端上定义、训练和部署深度学习模型，以及端到端的模型移植。

CNTK 是微软公司于 2016 年开源的认知工具库（Cognitive Toolkit），其提供统一的计算网络架构，将深度神经网络的学习训练过程描述为有向图的一系列计算步骤。CNTK 中预定义了多种计算网络结构和优化模型，支持多 GPU 并行训练，在语音识别、图像识别等商业领域有较多应用。

PaddlePaddle 是由百度公司于 2016 年开源的深度学习框架，支持网络结构的自动设计及模型的分布式训练。PaddlePaddle 同样以张量来表示数据，支持静态图编程和动态图编程，以及动态图到静态图的转换，适用于不同的模型开发部署场景。PaddlePaddle 兼容多种开源框架，具有较为丰富的内置算法和预训练模型，支持在移动终端部署压缩后的轻量化模型。

近年来深度学习框架快速发展，不同机构主导的框架特色各异、架构有别，但整体功能都逐渐趋于相似，为深度学习系统的高效开发与应用提供高效支撑。在上述框架之外，学术界和工业界研究或使用的框架还有很多，如 Keras、Theano、DL4J、Chanier、MindSpore 等。然而，这些框架的功能相对单一，在扩展能力、分布式计算等方面与主流深度学习框架略有差距，在特定领域应用效果较好，但应用范围较窄。

1.5 深度学习的应用

深度学习的迅猛发展既来自技术的驱动，也与各领域的成功应用密切相关。早期的深度学习技术在理论和架构上进行了很多探索，但受限于当时的算力水平和数据规模，应用效果不佳。自从深度学习在 2012 年的 ImageNet 图像分类竞赛中大放异彩开始，深度学习的应用领域不断拓展，已经深度融入经济社会的各个方面，如计算机视觉、语音语义、自然语言处理等。

1.5.1 计算机视觉

深度学习在计算机视觉领域的应用较早，也较为成熟。早在 1957 年，感知器就被用于处理一些简单的视觉任务。后来的多层感知器被用于处理较为复杂的图像识别任务。如今，深度学习在图像分类、图像分割、目标检测与识别、目标跟踪等任务中都得到了成功应用，在部分任务中的准确率甚至超过了人类。

在图像分类领域，主要应用深度学习来提取图像数据的特征，将特征与图像的标签进行关联，是计算机视觉的基础任务。在 2015 年的 ImageNet 图像分类竞赛上，ResNet 使用改进的卷积神经网络结构与算法，将图像分类的识别错误率降低到 3.57%，低于人类的识别错误率。基于深度学习的图像分类应用得到了大众的普遍认可，在医学图像分类、工业产品缺陷检测、档案归类等领域都得到了广泛应用。

在图像分割领域，根据不同的标准将图像细分为多个子区域，为开展图像中目标对象的检测与跟踪提供基础。图像分割通常使用全卷积神经网络（Fully Convolutional Networks，FCN）进行图像语义信息的提取，既可以实现语义层面的分割，也可以实现实例层面的分割。图像分类在整个图像层面进行类别标签关联，而图像分割在像素层面判断每个像素点的类别，进而实现更加细粒度的子区域划分。

在目标检测与识别领域，首先按一定的规则在图像上生成一系列候选区域，然后通过提取图像特征来标记候选区域的位置和类别。目标检测偏重于确定目标的位置和大小，目标识别偏重于确定目标的类别，但检测和识别经常一起开展，早期主要使用区域卷积神经网络（Region-CNN，RCNN），后来大多使用基于回归的 YOLO[①]系列模型。目前基于深度学习的目标检测与识别技术广泛应用于人脸识别、自动驾驶、遥感图像识别等领域。

在目标跟踪领域，主要基于深度学习来动态分析视频或图像序列，以实现对目标对象的连续跟踪与标识。目标跟踪需要寻找图像元素在时序上的对应关系，早期通过将神经网络学到的特征与各类滤波框架相结合来实现单目标跟踪，后来的研究尝试利用循环神经网络（Recurrent Neural Networks，RNN）等新的深度学习算法实现端到端的多目标跟踪。目前基于深度学习的目标跟踪技术具体应用于视频分析、虚拟现实、交通检测等领域。

1.5.2　语音语义

深度学习在语音语义领域的应用主要体现在机器与人类的交互过程中，通过对语音的分析、理解和合成，既让机器听懂人类所言，又能通过语言表达出机器之所想，最终使机器具备与人类进行自然语言交流的能力。智能语音语义是未来人机交互的重要形式，正处在快速发展阶段，目前深度学习主要应用于语音语义识别和语音合成领域。

在语音语义识别领域，通过深度学习技术让机器能够理解人类语音，可以将语音信号转化为文本等信息，为进一步基于文本字符或命令完成相应的操作提供

---

① YOLO 的全称为 You Only Look Once，是约瑟夫·雷德蒙（Joseph Redmon）等人于 2016 年提出的一种单阶段目标检测网络，因其检测速度非常快且所用的方法很特殊而得名。

基础。在识别过程中需要将语音转换成对应的向量序列并进行编码，使用双向RNN、RNN 变换器（RNN Transducer）、LSTM、残差卷积神经网络（Residual CNN）等算法进行语音语义信息的提取及输出结果的选择。基于深度学习的语音语义识别技术具体应用在智能家居、可穿戴设备、语音输入等领域。

在语音合成领域，深度学习助力文本信息到语音信息的转换，或者模仿人类语音或对人类语音进行变声处理等。早期语音合成中使用的声学模型和声码器主要基于 RNN、CNN、Transformer 等算法生成，后来出现了很多端到端的语音合成模型，如 Tacotron、WaveNet、DeepVoice 等，目前在多语言合成、快速语音合成、鲁棒语音合成等领域研究较多。基于深度学习的语音合成技术具体应用在智能客服、有声读物、媒体配音等领域。

1.5.3　自然语言处理

自然语言处理（Natural Language Processing, NLP）是实现人类与机器通过语言进行有效沟通的关键环节，其在深度学习的早期研究中就有很多应用，当前应用范围越来越广，效果越来越好。自然语言处理主要包括词法分析、语法分析、语义分析等（中文等连续书写的语言还包括分词）步骤，深度学习可与任意环节相结合。目前较为成熟的应用包括信息检索、机器翻译等。

在信息检索领域，深度学习助力实现对大规模文本数据的过滤、抽取、分类、聚类、索引、检索等，为用户高效、准确地反馈检索结果。从信息检索中典型的数据标注、数据索引和检索模型，到端到端的检索模型，RNN、CNN、LSTM 等深度学习算法均发挥了重要作用。目前基于深度学习的跨模态检索、复杂语义检索、个性化检索等正在快速发展。基于深度学习的信息检索技术具体应用在搜索引擎、档案管理、情报整理等领域。

在机器翻译领域，主要利用深度学习技术实现从一种自然语言到另一种或多种自然语言的高效准确翻译。早期使用过基于规则方法的机器翻译，后来发展出基于统计方法的机器翻译，现在主要采用基于深度学习的机器翻译，也称神经机器翻译（Neural Machine Translation，NMT）。NMT 通过编码从源语言中提取信息，再通过解码将信息转换成另一种语言，从而完成翻译。基于深度学习的机器翻译技术具体应用在网页内容翻译、会话翻译、拍照翻译等领域。

1.6　人工智能潜在的安全风险

以深度学习与神经网络为代表的人工智能发展迅猛，成功的应用案例广布各行各业，但在为行业赋能的同时，人工智能也暗藏隐忧，存在被欺骗、被破坏、被利用等安全风险。全面正视人工智能面临的风险隐患，可以为开发更加健壮、鲁棒的智能模型提供指引，也可以为提升现有模型的安全防护能力提供参考。人工智能的运行依赖不同层面资源的支撑，其基本架构已在本书 1.3 节做了简要介绍，其面临的安全风险也分布在各个层面，主要包括数据层面、算法模型层面、智能计算框架层面、基础软硬件层面和应用服务层面。

1.6.1　数据层面的风险

数据是当前人工智能快速发展的基础资源，为智能模型的学习训练提供原始信息输入。当前智能模型的学习训练需要大规模、高质量、多模态数据的支撑，数据涉及智能系统运行的各个环节，所面临的安全风险体现在多个方面。在数据采集环节，用户敏感信息的过度采集、数据规模的不足、数据多样性的缺失、数据类别分布的不均衡、恶意的数据投毒等都会影响原始数据的质量。在数据使用环节，数据特征化过程的规范缺失、数据标注质量的良莠不齐、数据流通不畅、隐私数据泄露等可能造成智能模型质量的下降。此外，在数据存储、共享、传输等环节，也存在不同程度的安全风险。

1.6.2　算法模型层面的风险

算法模型是人工智能的核心，也是安全攻防的博弈焦点。与规则驱动的人工智能相比，数据驱动的人工智能严重依赖数据，因此数据质量很大程度上决定了模型质量，但数据质量存在很多不可控因素，实际的应用数据分布与模型的训练数据分布通常存在差异，攻击者也可能通过对抗样本等进行干扰，智能模型的可靠性面临挑战。此外，智能模型的可解释性较差，尤其是深度学习模型中的特征抽象和计算过程均由算法自行执行，缺乏完备的解释理论。计算过程的"黑箱"特性使深度学习模型在自动驾驶、智慧医疗、工业控制等关键领域可能产生不可控的非预期结果。

1.6.3　智能计算框架层面的风险

智能计算框架是对智能模型训练使用过程中的基本操作和共性运算的封装，可以极大地减少智能系统开发的工作量。但智能计算框架本身引用或集成了大量的外部函数库，如 Numpy、OpenCV、Matplotlib 等，由此造成其代码规模越来越庞大，函数调用与依赖关系越来越复杂。随着智能计算框架的使用范围不断扩展，其自身存在的安全问题可能导致所训练得到的智能模型存在安全隐患。目前广泛使用的 TensorFlow、Caffe、PyTorch 等框架中都被发现存在可利用的漏洞，可导致智能模型出现误判、崩溃等问题。

1.6.4 基础软硬件层面的风险

基础软硬件为人工智能发挥作用提供基础支撑，既面临传统的软硬件安全风险，也面临新的智能计算风险。在模型的底层表示、存储、计算优化等方面的标准不尽一致，导致模型在编译、迁移、共享等过程中可能出现问题。当下智能计算需求存在个性化特征，不同类型的终端对智能计算芯片的功能和性能要求差异很大，在适配不同智能模型高效安全运行方面仍然面临挑战，而 GPU 驱动方面的漏洞数量正在快速增长。

1.6.5 应用服务层面的风险

应用并服务人类是开发人工智能的终极目标，而提供服务的形式多种多样。智能模型通常以文件的形式存储在本地，因而在本地提供服务时同样面临传统的文件数据遭破坏、被泄露等问题。以在线方式提供远程服务正在成为新的趋势，用户只需要通过 API 即可与智能模型进行交互。在此场景下，算法、算力和数据可能由不同的用户或平台提供，但智能模型的类型参数、训练数据分布等信息依然可以通过针对性查询获得，进而为构造对抗样本以欺骗远程模型提供支撑。

本章小结

深度学习与神经网络是当前人工智能得以蓬勃发展的核心技术，已深度融入经济社会的各个领域、各个环节，极大地促进了生产效率的提高和产业链的升级。深度学习与神经网络的发展并非一帆风顺，而是经历了不同时期的繁荣与沉寂，有很多值得思考与借鉴的地方。本章对人工智能的技术演变及演变过程中的三大流派、深度学习与神经网络的技术演变及当前的前沿技术、典型的深度学习系统架构、当前主流的深度学习框架、较为常见的深度学习应用进行了概要介绍，并简要分析了人工智能面临的安全风险，以期让读者全面了解深度学习与神经网络的历史发展脉络，为后文的学习奠定基础。

第2章

预备知识

深度学习与神经网络通常从已知数据中学习知识，并将学到的知识应用到未知数据上。在知识学习过程中，需要确定训练数据的表征形式，建立描述知识的模型架构，设计知识学习的算法流程等。知识的学习过程通常以数学运算的方式进行，从而涉及大量基础数学知识和机器学习基础理论。此外，作为一项实践性技术，深度学习与神经网络的学习和应用需要构建基础的运行环境。本章介绍深度学习与神经网络涉及的相关预备知识，为后文的学习奠定理论与实践基础。

2.1　相关数学基础

深度学习与神经网络的学习和应用主要涉及线性代数、概率论、优化理论等相关知识。在深度学习算法的具体应用过程中还涉及部分相关领域的数学知识，对此将在后文介绍具体算法时详细阐述。

2.1.1　线性代数

线性代数是各类深度学习与神经网络算法的基础知识，涉及的基础概念包括标量、向量、矩阵、张量等。

2.1.1.1　标量

标量（Scalar）是一个只有大小没有方向的单独的数，通常用斜体英文小写字母表示，如 x、y、z。实数标量可以表示为 $x \in \mathbf{R}$，自然数标量可以表示为 $y \in \mathbf{N}$。

2.1.1.2　向量

向量（Vector）是由一组同时具有大小和方向的数组成的有序数组，可将其看作一个一维数组，通常用粗斜体的小写英文字母表示，如 $\boldsymbol{x}$、$\boldsymbol{y}$、$\boldsymbol{z}$。一个 n 维

向量 x 由 n 个实数按照一定的顺序排列组成，可以表示为

$$x = [x_1, x_2, \cdots, x_n] \tag{2-1}$$

其中，x_i 为向量 x 中的第 i 个分量，即 n 维向量中的第 i 维。通过下标 i 即可索引和标识向量 x 中的不同分量，方便后续计算。

2.1.1.3 矩阵

矩阵（Matrix）是一组数按照一定的排列顺序组成的二维矩形阵列，可将其看作一个二维数组，通常使用粗斜体的大写英文字母表示，如 X、Y、Z。矩阵由多个行和列组成，每个行或列都可被视为一个向量。因此，可以将矩阵看作多个相同维度的向量按照一定的顺序排列而成的向量集合。假定矩阵 X 包含 m 行、n 列，共 $m \times n$ 个元素，则其可表示为

$$X = \begin{bmatrix} x_{11} & x_{12} & x_{13} & \cdots & x_{1n} \\ x_{21} & x_{22} & x_{23} & \cdots & x_{2n} \\ x_{31} & x_{32} & x_{33} & \cdots & x_{3n} \\ \vdots & \vdots & \vdots & \ddots & \vdots \\ x_{m1} & x_{m2} & x_{m3} & \cdots & x_{mn} \end{bmatrix} \tag{2-2}$$

其中，x_{ij} 表示矩阵 X 中位于第 i 行、第 j 列的元素。通过下标 i 和 j 可共同索引和标识矩阵中的每个具体元素。

2.1.1.4 张量

张量是一组数按照一定空间结构排列形成的三维及以上维度的多维数组，通常用艺术字体表示，如 $\mathcal{T}$。张量中数组的维数也称为张量的阶。零阶张量只有一个元素，即标量。一阶张量是一个一维数组，即向量。二阶张量是一个二维数组，即矩阵。三阶张量是一个三维数组，可由图 2-1 直观地表示。高阶张量具有3 个以上维度。

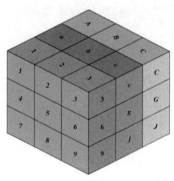

图 2-1   三阶张量

张量中的元素分布在多个维度的规则网格中，同样使用下标进行索引和标识，n 阶张量对应 n 个下标。

2.1.2　概率论

概率论用于表述和度量事物的不确定性，为深度学习与神经网络算法处理不确定量和随机量提供了基础理论，涉及的基础概念包括随机变量、边缘分布、条件概率、概率分布等。

2.1.2.1　随机变量

随机变量（Random Variable）表示在随机试验过程中可能出现的各种不同的取值，本质上属于一个实值单值函数，通过函数变换实现随机事件的数量化表示，进而通过数学分析的方法来研究随机现象。假定随机试验 E 的样本空间为 $S=\{e\}$，对于 S 中的每个元素 e，都有一个实数 $X(e)$ 与之对应，则定义在 S 上的实值单值函数 $X = X(e)$ 就是一个随机变量。随机变量可以是离散的，也可以是连续的，分别称为离散型随机变量和连续型随机变量。

1. 离散型随机变量

如果随机变量在一定区间内全部可能的取值是有限数量的，或者虽然数量无穷，但可列可数，则称为离散型随机变量。假定 X 为离散型随机变量，其对应的所有可能取值为 $x_1, x_2, \cdots, x_n$，则将其概率函数或概率分布记为

$$p(x_i) = P\{X = x_i\} \tag{2-3}$$

离散型随机变量的概率分布具有以下两个性质。

$$p(x_i) \geqslant 0 \quad i = 1, 2, \cdots \tag{2-4}$$

$$\sum p(x_i) = 1 \tag{2-5}$$

以投掷硬币为例，连续投掷两次硬币对应的可能情形，即样本空间 Ω 为

$$\Omega = \{HH, HT, TH, TT\} \tag{2-6}$$

其中，HH 表示两次投掷均为正面朝上；HT 表示第一次投掷正面朝上，第二次投掷反面朝上；TH 表示第一次投掷反面朝上，第二次投掷正面朝上；TT 表示两次投掷均为反面朝上。

样本空间中的元素对应的是随机事件本身，并不是概率分布值。根据实际需求可对样本空间中的元素进行数值化，如定义随机变量 X 为"正面出现的次数"，则 X 的所有可能取值为 0、1、2。正面出现的次数为 0 次、1 次、2 次的概

率分别为

$$p(0) = P\{X = 0\} = 1/4 \tag{2-7}$$

$$p(1) = P\{X = 1\} = 1/2 \tag{2-8}$$

$$p(2) = P\{X = 2\} = 1/4 \tag{2-9}$$

2. 连续型随机变量

如果随机变量在一定区间内全部可能的取值是无穷的，且无法一一列举，则称为连续型随机变量。假定对于随机变量 X 的分布函数 $F(x) = P\{X \leqslant x\}$，$-\infty < x < +\infty$，存在非负函数 $f(x)$，使得对于任意实数 x 满足

$$F(x) = \int_{-\infty}^{x} f(t)\mathrm{d}t \tag{2-10}$$

则称 X 为连续型随机变量，$f(x)$ 为 X 的概率密度函数。

连续型随机变量的概率分布通常以概率密度曲线与坐标轴所围面积来计算，如对于随机变量 X，其落入区间 $[x_1, x_2]$ 的概率为

$$P(x_1 \leqslant X \leqslant x_2) = \int_{x_1}^{x_2} f(t)\mathrm{d}t \tag{2-11}$$

连续型随机变量的概率密度函数具有以下两个性质。

$$f(x) \geqslant 0 \tag{2-12}$$

$$\int_{-\infty}^{+\infty} f(x)\mathrm{d}x = 1 \tag{2-13}$$

以零件长度测量为例，测量过程中产生的误差随机分布在某个区间内，但误差本身无法穷举，只能计算得出测量误差处在某个区间内的概率。

2.1.2.2 边缘分布

同一样本空间可以对应多个随机变量，进行多个不同的函数变换。假定随机试验 E 的样本空间为 $S = \{e\}$，对于 S 中的每个元素 e，$X = X(e)$ 和 $Y = Y(e)$ 都为 S 上的随机变量，则将向量 (X, Y) 称为二维随机变量或二维随机向量。对于任意实数 $x \in X, y \in Y$，(X, Y) 的联合分布函数 $F(x, y)$ 定义为

$$F(x, y) = P\{(X \leqslant x) \bigcap (Y \leqslant y)\} \tag{2-14}$$

若二维随机变量 (X, Y) 可能的取值是有限对或可列无限对，则称 (X, Y) 是离散型二维随机变量，定义其联合概率分布为

$$P\{X = x_i, Y = y_j\} = P(x_i, y_j) = p_{ij} \quad i, j = 1, 2, \cdots \tag{2-15}$$

若对于二维随机变量 (X,Y) 的分布函数 $F(x,y)$，存在非负函数 $f(x,y)$，使得对于任意实数 x,y 满足

$$F(x,y) = \int_{-\infty}^{y} \int_{-\infty}^{x} f(u,v) \mathrm{d}u \mathrm{d}v \tag{2-16}$$

则称 (X,Y) 为连续型二维随机变量，$f(x,y)$ 为 (X,Y) 的概率密度函数。

当随机变量的个数继续增加时，联合分布概率的计算方法以此类推。

当已知多个随机变量的联合概率分布时，可通过求和计算得到单个随机变量的概率分布，称为边缘概率分布。

对于离散型二维随机变量 (X,Y)，假定已知其联合概率分布为

$$P(x,y) = P\{X = x_i, Y = y_j\} = p_{ij} \quad i,j = 1,2,\cdots \tag{2-17}$$

则随机变量 X 和 Y 对应的边缘概率分布函数分别为

$$P\{X = x_i\} = P\{X = x_i, Y < +\infty\} = \sum_{j=1}^{+\infty} p_{ij} \triangleq p_{i\cdot} \quad i = 1,2,\cdots \tag{2-18}$$

$$P\{Y = y_j\} = P\{X < +\infty, Y = y_j\} = \sum_{i=1}^{+\infty} p_{ij} \triangleq p_{\cdot j} \quad j = 1,2,\cdots \tag{2-19}$$

对于连续型二维随机变量 (X,Y)，假定已知其联合概率分布为 $P(x,y)$，则随机变量 X 和 Y 对应的边缘概率分布函数分别为

$$F_X(x) = P\{X \leqslant x\} = P\{X \leqslant x, Y < +\infty\} = F(x,+\infty) \tag{2-20}$$

$$F_Y(y) = P\{Y \leqslant y\} = P\{X \leqslant +\infty, Y \leqslant y\} = F(+\infty,y) \tag{2-21}$$

假定已知随机变量 (X,Y) 的概率密度函数为 $f(x,y)$，则随机变量 X 和 Y 对应的边缘密度函数分别为

$$f_X(x) = \int_{-\infty}^{+\infty} f(x,y) \mathrm{d}x \tag{2-22}$$

$$f_Y(y) = \int_{-\infty}^{+\infty} f(x,y) \mathrm{d}y \tag{2-23}$$

2.1.2.3　条件概率

随机事件的发生可能依赖其他事件的发生，此时，将某个事件在给定其他事件发生时出现的概率称为条件概率。通常将事件 X 发生条件下事件 Y 发生的概率表示为 $P(Y|X)$，将 $X = x$ 条件下 $Y = y$ 发生的概率记为 $P(Y = y|X = x)$，其计算公式为

$$P(Y=y|X=x) = \frac{P(Y=y, X=x)}{P(X=x)} \qquad (2\text{-}24)$$

2.1.2.4 常见离散型随机变量概率分布

1. 伯努利分布

如果随机试验 E 只有两个可能的结果 A 和 $\overline{A}$，则称 E 为伯努利试验。例如，投掷一次硬币，投掷结果只可能是正面朝上或反面朝上，两种结果只能出现一个且必然出现一个。定义随机变量 X 为一次试验中结果 A 发生的次数，则 X 的全部可能取值只有 0 和 1。假定结果 A 发生的概率为 p，即 $P(A)=p$，$P(\overline{A})=1-p$，$0<p<1$，则 X 对应的概率分布为

$$P\{X=k\} = p^k(1-p)^{1-k} \quad k=0,1 \qquad (2\text{-}25)$$

称 X 服从参数为 p 的伯努利分布（Bernoulli Distribution），也称 0–1 分布或两点分布。

2. 二项分布

如果将伯努利试验 E 独立重复进行 n 次，则称这一系列重复的独立试验为 n 重伯努利试验。例如，连续多次投掷硬币，则每次投掷互相独立，多次投掷的结果不会互相影响。定义随机变量 X 为 n 次试验中结果 A 发生的次数，则 X 对应的概率分布为

$$P\{X=k\} = \binom{n}{k} p^k(1-p)^{n-k} \quad k=0,1,\cdots,n \qquad (2\text{-}26)$$

称 X 服从参数为 n, p 的二项分布（Binomial Distribution），记为 $X \sim b(n,p)$。

当 $n=1$ 时，二项分布变为 0–1 分布。

3. 泊松分布

如果随机变量 X 的所有可能取值为 $0,1,2,\cdots$，其概率分布为

$$P\{X=k\} = \frac{\lambda^k \mathrm{e}^{-\lambda}}{k!} \quad k=0,1,2,\cdots \qquad (2\text{-}27)$$

其中，λ 为大于 0 的常数，则称 X 服从参数为 λ 的泊松分布（Poisson Distribution），记为 $X \sim \pi(\lambda)$ 或 $X \sim P(\lambda)$。

2.1.2.5 常见连续型随机变量概率分布

1. 均匀分布

如果随机变量 X 落在区间 (a,b) 上各点的概率相等，其概率密度函数为

$$f(x) = \begin{cases} \dfrac{1}{b-a} & a < x < b \\ 0 & \text{其他} \end{cases} \tag{2-28}$$

则称 X 在区间 (a,b) 上服从均匀分布（Uniform Distribution），记作 $X \sim U(a,b)$。其概率分布函数为

$$F(x) = \begin{cases} 0 & x < a \\ \dfrac{x-a}{b-a} & a \leqslant x < b \\ 1 & x \geqslant b \end{cases} \tag{2-29}$$

2. 指数分布

如果连续变量 X 的概率密度函数为

$$f(x) = \begin{cases} \dfrac{1}{\theta} e^{-x/\theta} & 0 < x \\ 0 & \text{其他} \end{cases} \tag{2-30}$$

其中，θ 为大于 0 的常数，则称 X 服从参数为 θ 的指数分布（Exponential Distribution），记作 $X \sim E(\theta)$。其概率分布函数为

$$F(x) = \begin{cases} 1 - e^{-x/\theta} & x > 0 \\ 0 & \text{其他} \end{cases} \tag{2-31}$$

3. 正态分布

如果连续变量 X 的概率密度函数为

$$f(x) = \frac{1}{\sqrt{2\pi}\sigma} e^{-\frac{(x-\mu)^2}{2\sigma^2}} \quad -\infty < x < +\infty \tag{2-32}$$

其中，μ 为常数，σ 为大于 0 的常数，则称 X 服从参数为 μ,σ 的正态分布（Normal Distribution）或高斯分布（Gaussian Distribution），记作 $X \sim N(\mu,\sigma)$。其概率分布函数为

$$F(x) = \frac{1}{\sqrt{2\pi}\sigma} \int_{-\infty}^{x} e^{-\frac{(t-\mu)^2}{2\sigma^2}} \, \mathrm{d}t \tag{2-33}$$

当 $\mu = 0, \sigma = 1$ 时，称随机变量 X 服从标准正态分布。

2.1.3 优化理论

深度学习与神经网络算法通常都涉及寻找问题的最优解，但很多问题并没有最优解，或者找到最优解需要的计算量太大。此时，基于迭代思想不断优化逼近最优解更符合实际。包括深度学习与神经网络在内的很多机器学习算法的本质都是建立问题的优化模型，通过对预测值与真实值之间不一致程度的度量和优化，最终得到最优解。解决此类优化问题的方法称为优化理论，主要涉及优化问题的定义、无约束优化问题的求解和约束优化问题的求解等。

2.1.3.1 优化问题的定义

优化问题的本质是选择一组变量或参数，在满足一系列约束条件的情况下，找到或近似找到问题的最优解。优化问题的数学形式为

$$\begin{cases} \min_{x \in \mathbf{R}^n} f(x) \\ \text{s.t. } g_i(x) \leqslant 0 \quad i = 1,2,\cdots,r \\ h_j(x) = 0 \quad\quad j = 1,2,\cdots,s \end{cases} \tag{2-34}$$

其中，x 为决策变量（Decision Variable）；$f(x)$ 为目标函数（Objective Function）；$g_i(x)$ 为不等式约束；$h_j(x)$ 为等式约束。

目标函数 $f(x)$ 是问题求解过程中最终需要优化的函数，可能包含多个函数项。在设计深度学习与神经网络算法时，通常使用损失函数（Loss Function）项来度量和优化预测值与真实值之间的差异，使用正则化函数（Regularization Function）项来避免学习算法过度拟合训练数据。损失函数的最终值越小，说明学习训练得到的模型与训练数据的符合程度越高。损失函数的收敛速度越快，说明学习过程中的优化策略越优。

优化问题的约束条件可以很严格，也可以很宽松。当没有约束条件或约束条件足够宽松到可以忽略时，可认为该优化问题是一个无约束优化问题。当约束条件需要严格满足或如不满足就会受到惩罚时，可认为该优化问题是一个约束优化问题。

2.1.3.2 无约束优化问题的求解

无约束优化问题中只有需要优化的目标函数，而不存在约束条件，可表示为

$$\min_{x \in \mathbf{R}^n} f(x) \tag{2-35}$$

无约束优化方法通常从随机或指定的初始点出发，按照一定的规则向最优解迭代趋近。按照趋近的规则不同，无约束优化方法通常可分为直接搜索法、梯度

下降法、牛顿法等。

形式化而言,无约束优化方法的基本思想为:给定初始点 $x \in \mathbf{R}^n$,按照一定规则产生一个点序列 $\{x_k\}$,使得当 $\{x_k\}$ 是有穷点序列时,最后一个点为最优解;当 $\{x_k\}$ 是无穷点序列时,$\{x_k\}$ 的极限值为最优解。假定 x_k 为第 k 次迭代过程的中间点,d_k 为第 k 次迭代时的搜索方向,α_k 为第 k 次迭代时的步长,则第 k 次迭代后的结果为

$$x_{k+1} = x_k + \alpha_k d_k \qquad (2\text{-}36)$$

若 x_{k+1} 满足某种终止条件,则停止迭代,得到近似最优解 x_{k+1};否则继续迭代。

2.1.3.3 约束优化问题的求解

在约束优化问题中,变量 x 需满足一些等式或不等式的约束。约束可以是硬约束,即必须满足某些条件,否则无法对问题进行求解;也可以是软约束,即如果不满足某些条件,会基于不满足的程度对目标函数中的某些变量进行惩罚,但依然可以对问题进行求解。

约束优化问题可以通过一定的构造转换成无约束优化问题,从而使用无约束优化的方法进行求解。对于约束条件的转换处理有很多方法,包括惩罚函数法、拉格朗日松弛法等。以惩罚函数法为例,其根据约束条件的特点构造出惩罚函数,然后将惩罚函数加入原始目标函数中,构成新目标函数。新目标函数的解与原始目标函数的解一致,从而将约束优化问题转化为无约束优化问题。

对于等式约束

$$\begin{cases} \min f(x) \\ \text{s.t. } h_j(x) = 0 \quad j = 1, 2, \cdots, s \end{cases} \qquad (2\text{-}37)$$

可构造惩罚函数

$$F(x) = \sum_{j=1}^{s} h_j(x)^2 \qquad (2\text{-}38)$$

从而新的目标函数为

$$\min f(x) + \sigma F(x) \qquad (2\text{-}39)$$

其中,$\sigma > 0$,称为惩罚因子或惩罚系数,用于平衡目标函数和惩罚函数。σ 较小时,对不可行解的惩罚较小;σ 较大时,对不可行解的惩罚较大。σ 取值通常需要兼顾可行解的搜索范围和收敛于最优解的速度。

对于不等式约束

$$\begin{cases} \min f(x) \\ \text{s.t. } g_i(x) \geqslant 0 \quad i = 1, 2, \cdots, r \end{cases} \tag{2-40}$$

可构造惩罚函数

$$F'(x) = \sum_{i=1}^{r} \max\{0, -g_i(x)\}^2 \tag{2-41}$$

从而新的目标函数为

$$\min f(x) + \sigma F'(x) \tag{2-42}$$

2.1.3.4　梯度下降法

梯度下降法是当前深度学习与神经网络计算过程中处理优化问题的主要方法之一。对于函数 $f(x)$，其梯度表示为 $\nabla f(x)$。梯度 $\nabla f(x)$ 的方向为函数 $f(x)$ 在该点导数最大的方向，也是函数值上升得最快的方向。反言之，沿着梯度下降的方向，函数值下降得最快。求解函数的最小值时，沿着梯度下降的方向进行搜索即可。虽然梯度下降法无法保证能获得全局的最小值，但通过各种改进算法和实践调优，通常可以获得较为实用的结果。

假定目标函数 $f(x)$ 的梯度函数为 $g(x) = \nabla f(x)$，计算精度为 ε。ε 用于判断是否终止迭代，当在某个点上计算得到的梯度小于 ε，或者当连续两次迭代过程中的 x 或 $f(x)$ 的取值变化小于 ε 时，停止迭代。通过梯度下降法求解 $f(x)$ 的极小点 x^* 的过程大致如下。

（1）设定初始值 $x^{(k)} \in \mathbf{R}^n$，令 $k = 0$，计算 $f(x^{(k)})$。

（2）计算梯度 $g^k = g(x^{(k)})$，如果 $|g^k| < \varepsilon$，则停止迭代，输出 $x^* = x^{(k+1)}$；否则，令 $p^k = -g^k$，求 λ_k，使 $f(x^{(k)} + \lambda_k p^k) = \min f(x^{(k)} + \lambda p^k)$。

（3）令 $x^{(k+1)} = x^{(k)} + \lambda_k p^k$，计算 $f(x^{(k+1)})$。如果 $|f(x^{(k)}) - f(x^{(k+1)})| < \varepsilon$ 或 $|x^{(k)} - x^{(k+1)}| < \varepsilon$，则停止迭代，输出 $x^* = x^{(k+1)}$；否则，令 $k = k+1$，回到步骤（2），迭代计算梯度 g^{k+1}。

2.2　机器学习基础

机器学习是当前人工智能快速发展的支撑技术之一，其通过算法的不断学习训练，从数据中发现潜在模式及其相关性，进而用于未知数据的决策与分析。机器学习既包括早期的浅层学习算法，也包括当前以神经网络为基础的深度学习算法。本节对机器学习算法的基本流程、机器学习常用评价指标、典型机器学习算法进行简单介绍，为后续学习深度学习与神经网络知识奠定基础。

2.2.1　机器学习算法的基本流程

机器学习算法的种类较多，解决具体问题的过程也存在差异，没有完全一致的算法流程。但从实践层面而言，机器学习算法的流程可大致分为数据采集、数据预处理、模型训练、模型测试优化、部署运行几个阶段，如图 2-2 所示。需要说明的是，机器学习是一个比较泛化的概念，通常包括为从数据中学习知识而设计的机器学习算法，以及运行算法最终得到的机器学习模型。由此，机器学习算法的基本流程可简化描述为"数据+算法=模型"。此处的机器学习模型与数学模型的概念存在差异，通常是指存储在文件系统中的实体模型文件，内容包括模型的结构及各类模型参数的名称、类型、数值等。

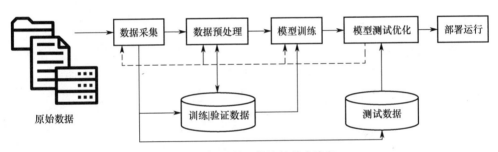

图 2-2　机器学习算法的基本流程

2.2.1.1　数据采集

机器学习的知识主要来自数据。因此，首先需要采集数量尽可能多且类型尽可能丰富的原始数据。数据采集的质量会影响后续机器学习的训练过程及最终机器学习模型的应用效果。此外，数据采集并非一次性任务，通常需要持续进行，并根据模型测试优化的需要调整采集的策略。

2.2.1.2　数据预处理

原始数据通常无法直接用于机器学习模型的训练，需要根据数据的特点进行一定的处理。数据预处理通常包括数据去重、数据清洗、缺失值处理、特征抽取、特征选择等，最终使原始数据被转化为可直接用于机器学习模型训练的向量化特征。处理后的数据通常会被划分为训练数据（训练集）、验证数据（验证集）和测试数据（测试集），分别用于模型训练和测试优化的不同阶段。

2.2.1.3　模型训练

模型的学习训练通常是机器学习最关键、最耗时的环节。模型训练过程按照算法流程开展，对训练数据进行整体或分批处理，挖掘训练数据中的潜在关联模式及其相关性，并通过模型参数的形式将学到的知识进行保存。在模型训练过程中通常需要进行大量的迭代运算，模型参数值也会不断调整变化。在训练阶段，有时也会基于验证数据对训练得到的中间模型进行阶段性验证，以确定其是否存在欠拟合（Under Fitting）或过拟合（Over Fitting）问题。

2.2.1.4　模型测试优化

训练得到的模型通常需要进一步在测试数据上进行测试，以发现模型存在的问题，并进行针对性的优化改进。对于过拟合和欠拟合问题，可以分别采用不同的处理方式，如增加训练数据量、增加特征数量、使用正则化约束、降低模型复杂度等，可能涉及数据采集、数据预处理、模型训练等不同环节。模型的测试优化过程涉及不同评价指标的定义和计算，对此将在 2.2.2 节做简单介绍。

2.2.1.5　部署运行

机器学习模型最终需要部署运行到实际环境中才能发挥作用。部署过程中通常涉及与其他软硬件的接口定义、交互方式、数据交换流程等。对应不同的应用场景，存在不同的部署运行需求，在移动终端部署时，可能涉及模型的剪枝、压缩等。

2.2.2　机器学习常用评价指标

机器学习的效果可以从不同维度、在不同阶段、基于不同场景来评价，通常难以绝对认定某个机器学习算法或模型更优。常用的评价指标通常基于混淆矩阵（Confuse Matrix）展开。

混淆矩阵是针对机器学习中分类模型预测结果可能出现的各种情形进行的总结分析，以矩阵的形式将数据样本分类结果按照真实类别和预测类别进行汇总。以二分类问题为例，假定数据样本中只包括两个类别，即正例（Positive）和负例（Negative），模型的分类结果分为正确（True）和错误（False）两类，其混淆矩阵如表 2-1 所示。

表 2-1　混淆矩阵示例

真 实 类 别	预测类别	
	正　　例	负　　例
正例	真正（True Positive，TP）	假负（False Negative，FN）
负例	假正（False Positive，FP）	真负（True Negative，TN）

2.2.2.1 基础数据

基于混淆矩阵,可以得到如下基础数据。

(1) 真正(TP)数,即实际为正例且被模型预测为正例的数据样本的个数,通常应尽量增加真正数。

(2) 假正(FP)数,即实际为负例但被模型预测为正例的数据样本的个数,通常应该尽量减少假正数。

(3) 假负(FN)数,即实际为正例但被模型预测为负例的数据样本的个数,通常应该尽量减少假负数。

(4) 真负(TN)数,即实际为负例且被模型预测为负例的数据样本的个数,通常应该尽量增加真负数。

(5) 实际的正例数(TP 数+FN 数),包括被模型正确地预测为正例和错误地预测为负例的正例样本个数。

(6) 实际的负例数(FP 数+TN 数),包括被模型错误地预测为正例和正确地预测为负例的负例样本个数。

(7) 模型预测的正例数(TP 数+FP 数),包括被模型正确地预测为正例和错误地预测为正例的样本个数。

(8) 模型预测的负例数(FN 数+TN 数),包括被模型错误地预测为负例和正确地预测为负例的样本个数。

2.2.2.2 基础指标

基于基础数据,可得到以下基础指标。

(1) 真正率(True Positive Rate,TPR),也称为召回率(Recall)或灵敏度(Sensitivity),是指被模型预测为正例的样本个数占实际为正例的样本个数的比例,计算公式为

$$\text{TPR} = \text{Recall} = \frac{\text{TP数}}{\text{TP数} + \text{FN数}} \tag{2-43}$$

(2) 真负率(True Negative Rate,TNR),也称为特异性(Specificity),是指被模型预测为负例的样本个数占实际为负例的样本个数的比例,计算公式为

$$\text{TNR} = \frac{\text{TN数}}{\text{FP数} + \text{TN数}} \tag{2-44}$$

(3) 假正率(False Positive Rate,FPR),是指被模型预测为正例的负例样本

个数占实际为负例的样本个数的比例，计算公式为

$$FPR = \frac{FP数}{FP数 + TN数} = 1 - TNR \tag{2-45}$$

（4）假负率（False Negative Rate，FNR），是指被模型预测为负例的正例样本个数占实际为正例的样本个数的比例，计算公式为

$$FNR = \frac{FN数}{TP数 + FN数} = 1 - TPR \tag{2-46}$$

（5）精确率（Precision），是指被模型预测为正例的样本中实际为正例的样本个数的比例，计算公式为

$$Precision = \frac{TP数}{TP数 + FP数} \tag{2-47}$$

（6）准确率（Accuracy），是指被模型预测正确的样本占实际所有样本的比例，计算公式为

$$Accuracy = \frac{TP数 + TN数}{TP数 + FP数 + TN数 + FN数} \tag{2-48}$$

上述基础指标在评价机器学习效果时的侧重点有所不同。例如，精确率越高，模型所预测的正例样本个数占实际正例样本个数的比例越高，换言之，模型将负例样本错误地预测为正例样本的可能性较小；召回率越高，说明模型将实际正例样本正确地预测为正例样本的比例越高，换言之，模型将正例样本错误地预测为负例样本的可能性较小。可以看出，精确率和召回率之间是此消彼长的关系，实践中需要根据应用需求具体设定。准确率关注模型在整体数据样本上的分类效果，不区分正例和负例。

2.2.2.3 进阶指标

在基础指标的基础上，可以进一步组合得到如下进阶指标。

1. F 值

F 值（F Score）通常为精确率和召回率的加权调和平均值，计算公式为

$$F = \frac{(1 + \beta^2) \times Precision \times Recall}{\beta^2 \times Precision + Recall} \tag{2-49}$$

其中，β 为调和系数，用于平衡精确率和召回率之间的权重。当 $\beta > 1$ 时，召回率对 F 值的影响更大；当 $\beta < 1$ 时，精确率对 F 值的影响更大；当 $\beta = 1$ 时，召

回率和精确率对 F 值的影响相同，F 值退化为常用的 F_1 值（F_1 Score），计算公式为

$$F_1 = \frac{2 \times \text{Precision} \times \text{Recall}}{\text{Precision} + \text{Recall}} \tag{2-50}$$

2．P-R 曲线

不同的机器学习模型对数据样本的预测结果通常存在差异。假设模型的预测结果以概率的形式输出，即并非简单的正或负，而是一个介于 0 和 1 之间的概率值 p，表明预测为正例的概率大小。对所有数据样本的预测结果按照概率值的大小进行排序，则通过设定阈值 t，可将 $p > t$ 的预测结果看作预测为正例的情形，进而计算出当前阈值下的精确率和召回率。通过设定不同的阈值，可计算得到一系列精确率和召回率。以精确率为纵轴，以召回率为横轴作图，即可得到 P-R 曲线（Precision-Recall Curve），示例如图 2-3 所示。

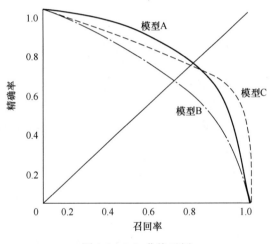

图 2-3　P-R 曲线示例

P-R 曲线通常用于比较两个及以上模型的分类效果，当模型 A 对应的 P-R 曲线相对于模型 B 整体更靠近右上方时，可认为模型 A 的性能优于模型 B。当两个模型之间的 P-R 曲线交叉时，难以断言孰优孰劣，需要进行具体分析。

3．ROC 曲线

ROC 曲线（Receiver Operating Characteristic Curve）也称为接受者操作特征曲线，以真正率（TPR）为纵轴，以假正率（FPR）为横轴，反映模型对数据样本的预测性能。绘制 ROC 曲线时，首先对样本预测结果进行排序，随后取第一个结果作为阈值，此时所有的样本均被预测为负例，TPR 和 FPR 均为 0，在坐标(0,0)处标记一个点；之后将排序后的第二个结果作为阈值，得到新的 TPR

和 FPR，标记为点(TPR, FPR)。以此类推，即可得到一系列坐标点。数据样本的数量通常有限，因而只能得到有限个坐标点，将这些坐标点连线，得到近似 ROC 曲线，示例如图 2-4 所示。

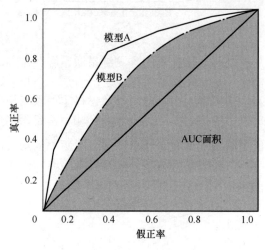

图 2-4　ROC 曲线示例

ROC 曲线也常用于比较模型的分类效果，当模型 A 对应的 ROC 曲线相对于模型 B 整体更靠近左上方时，可认为模型 A 的性能优于模型 B。当两个模型之间的 ROC 曲线交叉时，通常以 ROC 曲线下的 AUC 面积判断模型的优劣，AUC 面积更大者性能更优。

4. AUC 面积

AUC（Area Under ROC Curve）面积是指 ROC 曲线下的面积，可通过对 ROC 曲线下各部分的面积进行求和计算得到。假定 ROC 曲线由坐标点 $\{(x_1, y_1), (x_2, y_2), \cdots, (x_n, y_n)\}$ 组成，可认为 AUC 由 $n-1$ 个梯形组成，则 AUC 面积可估算为

$$AUC = \frac{1}{2} \sum_{i=1}^{n-1} (x_{i+1} - x_i)(y_i + y_{i+1}) \tag{2-51}$$

当 AUC $=1$ 时，模型在任何阈值下都能得到完美的预测，但这种情形通常不存在；当 $0.5 < $ AUC<1 时，模型的预测结果好于随机猜测的结果，具体性能与阈值的设定密切相关；当 AUC $\leqslant 0.5$ 时，模型的预测结果与随机猜测的结果相当或前者更差。

5. 马修斯相关系数

马修斯相关系数（Matthews Correlation Coefficient，MCC）综合混淆矩阵中

的 TP、FP、FN、TN 值，描述模型预测结果与实际结果之间的相关性，计算公式为

$$MCC = \frac{TP \times TN - FP \times FN}{\sqrt{(TP+FP)(TP+FN)(TN+FP)(TN+FN)}}$$
（2-52）

MCC 的取值范围为[-1, 1]。MCC=1 表示预测结果与实际结果完全一致；MCC=-1 表示预测结果与实际结果完全不一致。

上述指标主要针对二分类问题，但现实生活中很多问题包含两个以上类别。此时，机器学习的评价指标依然基于混淆矩阵进行计算，但混淆矩阵的规模随着类别数的增加而增大，指标计算量会有所增加。多分类问题通常从宏观和微观角度分别进行计算。宏观值在计算时赋予每个类别相同的权重，先在每个类别对应的混淆矩阵上分别计算出不同类别的精确率、召回率等指标，之后对所有类别的指标计算平均值，得到宏观精确率（Macro-Precision）、宏观召回率（Macro-Recall）等。微观值在计算时赋予每个样本相同的权重，先将每个类别对应的混淆矩阵中的数值进行平均，得到 TP、FP、FN、TN 的平均值，之后基于这些平均值计算得到微观精确率（Micro-Precision）、微观召回率（Micro-Recall）等。

2.2.3　典型机器学习算法

机器学习算法经过了长时间的演变和发展，从早期的浅层学习算法发展到当前热门的深度学习算法，分化出多种典型算法。本书的主旨在于解读深度学习与神经网络，但其基本思想来源于早期的浅层机器学习算法，因此本节对当前应用较多的几种典型浅层机器学习算法进行简单介绍，为后文深度学习与神经网络算法的学习奠定基础。机器学习算法所处理的数据样本大多可归为离散型或连续性，分别对应分类问题和回归问题。本节除线性回归部分主要以回归问题为例进行介绍外，其余部分主要以分类问题为例进行介绍。

2.2.3.1　线性回归

线性回归（Linear Regression）利用数理统计方法来确定两个或两个以上变量之间相互依赖的定量关系。所谓线性，是指两个变量之间存在线性函数关系，在二维坐标中呈直线。所谓回归，是指每次实际测量得到的变量值都可能存在误差，通过多次测量可使测量值尽可能回归到真实值。线性回归示例如图 2-5 所示。

当线性回归中的变量个数为两个时，寻找因变量 y 和一个自变量 x 之间的依赖关系，称为一元线性回归；当变量个数为两个以上时，寻找因变量 y 和多个自变量 $x_i(i=1,2,\cdots,n)$ 之间的依赖关系，称为多元线性回归。

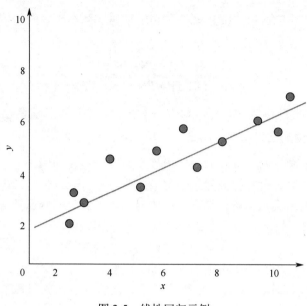

图 2-5　线性回归示例

对于一元线性回归，其拟合方程为

$$y = \alpha + \beta x + \varepsilon \qquad (2\text{-}53)$$

其中，α 为常数项；β 为回归系数，也是所拟合后的直线斜率；ε 为随机误差。

对于多元线性回归，其拟合方程为

$$y = \alpha + \beta_1 x_1 + \beta_2 x_2 + \cdots + \beta_n x_n + \varepsilon \qquad (2\text{-}54)$$

其中，$x_1, x_2, \cdots, x_n$ 为 n 个自变量；$\beta_1, \beta_2, \cdots, \beta_n$ 为对应的 n 个回归系数。

无论是一元线性回归还是多元线性回归，在确定拟合方程后都需要通过构造方程组来求解其中的系数值。需要注意的是，线性回归以因变量 y 和自变量 x 之间呈线性关系为前提，否则求解得到的拟合直线往往效果不理想。

2.2.3.2　逻辑回归

逻辑回归也称 Logistic 回归，本质上也是一种线性回归方法，主要用于分类问题。逻辑回归使用逻辑函数对变量进行建模，如常用的二元逻辑函数将分类结果映射到"0"和"1"，以区分数据样本属于哪个类别。逻辑回归示例如图 2-6 所示。

对于二分类问题，可令正例对应的标签为 1，负例对应的标签为 0，将数据样本对应的标签概率映射到 0 和 1 之间的数，再与 0.5 进行比较，如大于 0.5，则判定数据样本的标签为 1，否则为 0。对于概率标签的映射通常使用 Sigmoid

函数，其基本形式为

$$\sigma(x) = \frac{1}{1+e^{-x}} \tag{2-55}$$

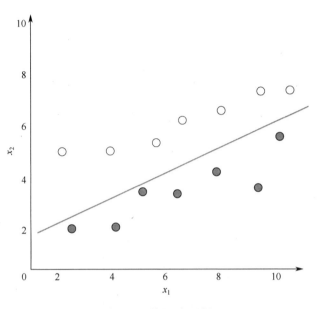

图 2-6 逻辑回归示例

此外，逻辑回归也常用于非线性可分场景，还可用于多分类问题，其基本原理类似，但推导和计算过程略有差异，此处不再展开。

2.2.3.3 朴素贝叶斯

朴素贝叶斯（Naive Bayes）是以贝叶斯决策理论（Bayesian Decision Theory）为基础的一种分类算法。所谓朴素，是指假设数据样本的各个属性之间是相互独立的，即每个属性都独立对分类结果产生影响。

贝叶斯决策理论基于概率进行决策。给定一组数据样本 $X = \{x_1, x_2, \cdots, x_n\}$ 和一组类别标签 $C = \{c_1, c_2, \cdots, c_m\}$，则在数据样本为 $x \in X$ 的条件下，x 对应类别标签为 c 的概率为 $P(c_i|x)$。在计算出 x 相对于所有类别标签的概率后，如果类别 c_k 对应的条件概率 $P(c_k|x)$ 最大，则认为数据样本 x 属于类别 c_k，即

$$h^*(x) = \arg_{c \in C} \max P(c|x) \tag{2-56}$$

其中，$h^*(x)$ 称为贝叶斯最优分类器（Bayes Optimal Classifier）。

由此，判断未知数据样本 x 的类别标签的关键在于寻找使 $P(c|x)$ 最大化的类别 c。而根据条件概率公式可得

$$P(c|x) = \frac{P(c,x)}{P(x)} = \frac{P(c) \times P(x|c)}{P(x)} \quad\quad (2\text{-}57)$$

其中，$P(c)$ 称为类别 c 的先验概率；$P(x|c)$ 称为样本 x 相对于类别 c 的条件概率；$P(x)$ 称为证据因子，主要用于归一化最终的概率值。

对于给定的数据样本 x，相对于不同的类别计算 $P(c|x)$ 时，其计算公式中都含有 $P(x)$，因此，最终比较 x 的类别时不受 $P(x)$ 的影响。由此，在确定 x 的类别时只需要计算 $P(c)$ 和 $P(x|c)$ 即可。

计算类别 c 的先验概率 $P(c)$ 时，只需要将数据集中类别被标记为 c 的样本个数除以全部的样本个数即可，即

$$P(c) = \frac{|X_c|}{|X|} \quad\quad (2\text{-}58)$$

其中，X_c 表示类别被标记为 c 的样本；X 为全部样本；$|\cdot|$ 表示样本的个数。

计算样本 x 相对于类别 c 的条件概率 $P(x|c)$ 时，区分离散型变量和连续型变量。以分类问题中常见的离散型变量为例，假定数据样本 x 包含 s 个属性，x_{ij} 表示数据集 X 中第 i 个样本的第 j 个属性，则 x_{ij} 相对于类别 c_k 的条件概率表示为

$$P(x_{ij}|c_k) = \frac{\left|X_{c_k,x_{ij}}\right|}{\left|X_{c_k}\right|} \quad\quad (2\text{-}59)$$

其中，$X_{c_k,x_{ij}}$ 表示类别为 c_k 且第 j 个属性值为 x_{ij} 的样本；X_{c_k} 表示所有类别为 c_k 的样本。

对朴素贝叶斯算法而言，由于其假设数据样本的各个属性之间相互独立，因此数据样本 x_i 相对于类别 c_k 的条件概率表示为

$$P(x_i|c_k) = P(x_{i1}|c_k) \times P(x_{i2}|c_k) \times \cdots \times P(x_{is}|c_k) = \prod_{j=1}^{s} P(x_{ij}|c_k) \quad\quad (2\text{-}60)$$

朴素贝叶斯算法以概率计算为主，没有复杂的求导过程和矩阵运算，因此效率相对较高。但数据属性之间相互独立的假设在实际应用中往往不成立，因此当属性之间的相关性较大时，朴素贝叶斯算法的分类效果欠佳。

2.2.3.4 支持向量机

支持向量机通过在数据样本中寻找支持向量（Support Vector），进而求解得到最大边界超平面（Maximum Margin Hyperplane）来实现对数据样本的分类。在线性可分时，在原数据空间寻找样本之间的最优分类超平面；在线性不可分

时，加入松弛变量并通过核函数将低维空间线性不可分的样本映射到线性可分的高维空间。支持向量机如图 2-7 所示。

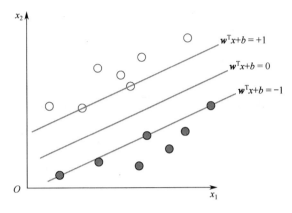

图 2-7　支持向量机

以二分类问题为例，假定数据样本 $X = \{x_1, x_2, \cdots, x_n\}$，类别标签 $Y = \{-1, +1\}$，分别表示负例和正例，每个样本 $x_i \in X$ 对应一个类别标签 $y_i \in Y$，则数据样本集为 $T = \{(x_1, y_1), (x_2, y_2), \cdots, (x_n, y_n)\}$，需要在给定新输入 x 的情况下，推断出 x 的类别标签是-1 还是+1。支持向量机的策略是通过如下函数实现分别边界的计算。

$$g(x) = \boldsymbol{w}^{\mathrm{T}} x + b \qquad (2\text{-}61)$$

其中，$\boldsymbol{w}$ 为权重；b 为偏置值。

之后，通过符号函数将输出结果映射到-1 和+1，即

$$f(x) = \mathrm{sgn}(g(x)) \qquad (2\text{-}62)$$

其中，$\mathrm{sgn}(z)$ 为符号函数，当 $z \geqslant 0$ 时取+1，否则取-1。

如果存在 $w \in \mathbf{R}^n$，$b \in \mathbf{R}$，使 X 中所有类别为+1 的数据样本 x_i 都满足 $\boldsymbol{w}^{\mathrm{T}} x_i + b \geqslant 0$，而所有类别为-1 的数据样本 x_j 都满足 $\boldsymbol{w}^{\mathrm{T}} x_j + b < 0$，则称 X 线性可分。线性可分问题通常通过拉格朗日优化方法进行转换求解。而线性不可分问题需要通过核函数将原始数据映射到线性可分的高维空间。支持向量机常用的核函数如表 2-2 所示。

表 2-2　支持向量机常用的核函数

名　　称	解　析　式	参 数 约 束
线性核	$\kappa(x_i, x_j) = x_i^{\mathrm{T}} x_j$	
多项式核	$\kappa(x_i, x_j) = (x_i^{\mathrm{T}} x_j)^d$	$d \geqslant 1$

续表

名　称	解　析　式	参 数 约 束
高斯核 （径向基函数核）	$\kappa(x_i, x_j) = \exp\left(-\dfrac{\|x_i - x_j\|^2}{2\sigma^2} \right)$	$\sigma > 0$
拉普拉斯核	$\kappa(x_i, x_j) = \exp\left(-\dfrac{\|x_i - x_j\|}{\sigma} \right)$	$\sigma > 0$
Sigmoid 核	$\kappa(x_i, x_j) = \tanh(\beta \boldsymbol{x}_i^{\mathrm{T}} x_j + \theta)$	$\beta > 0$，$\theta < 0$

支持向量机算法中的决策边界通常只由少数的支持向量确定，所以其计算复杂度与支持向量的数量相关，而与样本空间的维数无关。支持向量机通过核函数将低维空间映射到高维空间，不会提高计算的复杂度，但核函数和内部参数的选择会影响最终的分类效果。

2.2.3.5 决策树

决策树（Decision Tree）采用自上而下的方式，将每个决策可能引出的事件使用树状分支表示，其根节点表示最终需要决策的事件，内部节点表示需要决策的属性，叶子节点表示某个具体事件，节点对应的数值为事件发生的概率。决策树示例如图 2-8 所示。

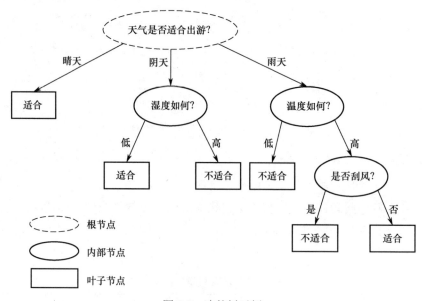

图 2-8　决策树示例

决策树在构建过程中首先需要选择特征，即明确使用数据样本的哪些属性作为决策的依据，以及这些属性按照什么样的层次组织起来会使整体的决策过程更加高效。目前使用较多的算法包括 ID3、C4.5、C5.0、CART 等。

ID3 算法在每个分支处选择能获得最高信息增益的属性作为决策属性。信息增益以信息熵为基础。信息熵用来描述系统信息量的不确定度，系统越混乱，其信息熵越高，反之则越低。从事件发生概率的角度而言，信息熵越高，说明随机变量的分布越均匀，即各种取值情况出现的概率越接近。假定数据样本集 S 包含 n 个样本，样本对应的类别标签为 m 个，即 $C_i(i=1,2,\cdots,m)$，则样本集 S 的信息熵通常计算为

$$\text{Entropy}(S) = -\sum_{i=1}^{m} p_i \log_2(p_i) \tag{2-63}$$

其中，p_i 为任意样本属于类别 C_i 的概率。

假定数据样本集 S 中的每个样本具有 s 个属性，其中属性 A 具有 k 个不同的取值 $\{a_1,a_2,\cdots,a_k\}$，则可利用属性 A 可将样本集 S 划分为 k 个子集 $\{S_1,S_2,\cdots,S_k\}$。其中，子集 S_i 为 S 中所有属性 A 取值为 a_i 的样本。则以属性 A 作为决策属性对样本集 S 进行划分时的信息熵为

$$\text{Entropy}(A) = \sum_{i=1}^{k} \frac{|S_i|}{|S|} \times \text{Entropy}(S_i) \tag{2-64}$$

基于属性 A 对样本集 S 进行划分后，样本集 S 的内容会更有条理，相应的信息熵也会降低，信息熵降低的值即信息增益，计算为

$$\text{Gain}(S,A) = \text{Entropy}(S) - \text{Entropy}(A) \tag{2-65}$$

同理可计算得到其他属性的信息增益，最后选择信息增益最大的属性来划分根节点。若新生成的分支节点所包含的分类属性仍然不唯一，则针对新节点继续计算其各个属性的信息增益，并选择信息增益最大的属性进行划分。以此迭代，直到所有样本都属于同一类别或达到指定的终止条件为止。

C4.5 算法的思路与 ID3 算法类似，区别在于 C4.5 算法使用信息增益率作为分支属性选取的依据，计算为

$$\text{Gain\_ratio}(S,A) = \frac{\text{Gain}(A)}{-\sum_{i=1}^{k} \frac{|S_i|}{|S|} \log_2 \frac{|S_i|}{|S|}} \tag{2-66}$$

从式（2-66）可见，当属性 A 的取值 k 较多时，C4.5 算法中的信息增益率会明显降低，可在一定程度上缓解 ID3 算法倾向选择大 k 值属性的问题。此外，C4.5 算法还涉及对决策树的剪枝，以避免过拟合问题。但 C4.5 算法的计算效率

较低，通常只针对小规模数据开展分析。为此，C5.0 算法做了部分改进，以提升决策树的构建速度和分类的准确率。

与上述算法不同，分类与回归树（Classification and Regression Tree，CART）算法以基尼指数（Gini Index）作为选择属性的依据。样本集为 S 的基尼指数的计算公式为

$$\text{Gini}(S) = 1 - \sum_{i=1}^{m} p_i^2 \tag{2-67}$$

直观而言，基尼指数反映了从样本集 S 中随机抽取两个样本时其类别标签不一致的概率。因此，基尼指数越小，说明样本集 S 中的样本类别越趋于一致。

对于属性 A，其基尼指数为

$$\text{Gini}(S,A) = \sum_{i=1}^{k} \frac{|S_i|}{|S|} \text{Gini}(S_i) \tag{2-68}$$

2.2.3.6　随机森林

随机森林（Random Forest）利用集成学习（Ensemble Learning）的思想，将多个决策树组合在一起形成一个集成分类器，从而实现对数据样本学习分类效果的提升。随机森林示例如图 2-9 所示。

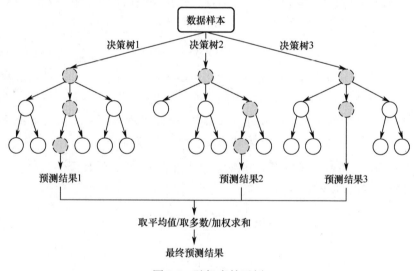

图 2-9　随机森林示例

随机森林采用 Bagging 算法来构造多个决策树。假定数据样本集 S 中包含 n 个样本，则 Bagging 算法每次从样本集 S 中均匀、有放回地抽出 m 个样本，并基

于这 m 个样本训练得到一个决策树。经过 k 次抽样和训练即可得到 k 个决策树。对于新的未知样本，首先通过 k 个决策树单独进行类别预测，然后通过对 k 个预测结果取平均值、取多数、加权求和等确定最终的预测结果。

2.3　实验环境基础

深度学习与神经网络的应用需要大量的实验做基础，依赖基础实验环境的构建。从理论来说，在传统的 CPU 计算机上即可开展深度学习与神经网络实验，但从实践来看，当前普遍基于 CPU+GPU 的模式开展实验。基于 CPU、GPU、操作系统等基础软硬件，实验环境的构建主要包括 GPU 驱动的安装配置、深度学习框架及其依赖环境的安装配置、集成开发环境的安装配置等。

2.3.1　GPU 驱动的安装配置

深度学习与神经网络的学习训练过程涉及大量并行计算任务，目前大量采用 GPU 运算的方式进行加速计算。GPU 厂商众多，版本型号各异，本节以在 Ubuntu18.04 LTS 系统上安装配置英伟达（NVIDIA）公司的 Quadro RTX 5000 为例进行说明。

2.3.1.1　安装驱动程序

首先需确定实验平台的硬件设备中是否包含显卡，使用 lspci | grep-i nvidia 命令查看，如图 2-10 所示。

```
              -ThinkStation-P920:/$ lspci | grep -i nvidia
18:00.0 VGA compatible controller: NVIDIA Corporation TU104GL [Quadro RTX 5000] (rev a1)
18:00.1 Audio device: NVIDIA Corporation TU104 HD Audio Controller (rev a1)
18:00.2 USB controller: NVIDIA Corporation TU104 USB 3.1 Host Controller (rev a1)
18:00.3 Serial bus controller [0c80]: NVIDIA Corporation TU104 USB Type-C UCSI Controller (rev a1)
```

图 2-10　查看 GPU 硬件信息

确定 GPU 已被系统识别后，需要安装相应的驱动程序。首先需要在 NVIDIA 公司网站的驱动程序下载页面根据硬件型号、操作系统等选择合适的配置，如图 2-11 所示。

选好配置后即可进入下载页面下载所需驱动程序，如图 2-12 所示。

通常在安装 Linux 操作系统时会默认安装开源版本的 NVIDIA 驱动程序 nouveau，但该驱动程序不适用于深度学习算法的开发运行，因此在安装官方驱动程序时应将 nouveau 屏蔽。之后即可安装官方驱动程序，安装成功后可通过 nvidia-smi 命令查看驱动程序的版本、显存大小等信息，如图 2-13 所示。

NVIDIA 驱动程序下载

在下方的下拉列表中进行选择，针对您的 NVIDIA 产品确定合适的驱动。

产品类型： NVIDIA RTX / Quadro
产品系列： Quadro Series
产品家族： Quadro P5000
操作系统： Linux 64-bit
下载类型： 生产分支生
语言： Chinese (Simplified)

图 2-11　选择驱动程序配置

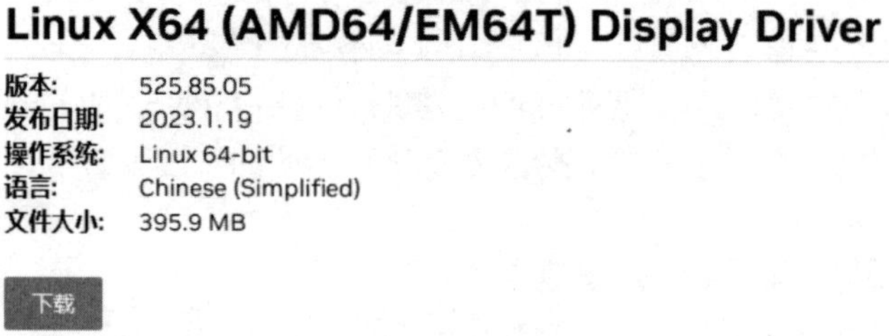

Linux X64 (AMD64/EM64T) Display Driver

版本：　525.85.05
发布日期：　2023.1.19
操作系统：　Linux 64-bit
语言：　Chinese (Simplified)
文件大小：　395.9 MB

下载

图 2-12　下载驱动程序

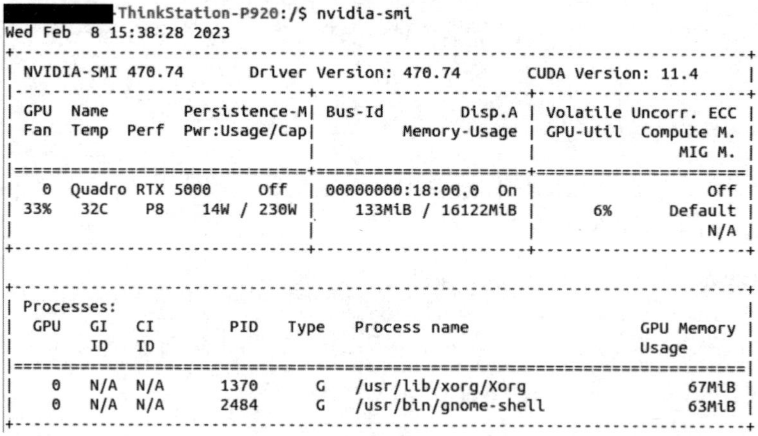

```
            -ThinkStation-P920:/$ nvidia-smi
Wed Feb  8 15:38:28 2023
+-----------------------------------------------------------------------------+
| NVIDIA-SMI 470.74       Driver Version: 470.74       CUDA Version: 11.4      |
|-------------------------------+----------------------+----------------------+
| GPU  Name        Persistence-M| Bus-Id        Disp.A | Volatile Uncorr. ECC |
| Fan  Temp  Perf  Pwr:Usage/Cap|         Memory-Usage | GPU-Util  Compute M. |
|                               |                      |               MIG M. |
|===============================+======================+======================|
|   0  Quadro RTX 5000      Off | 00000000:18:00.0  On |                  Off |
| 33%   32C    P8    14W / 230W |    133MiB / 16122MiB |      6%      Default |
|                               |                      |                  N/A |
+-------------------------------+----------------------+----------------------+

+-----------------------------------------------------------------------------+
| Processes:                                                                  |
|  GPU   GI   CI        PID   Type   Process name               GPU Memory    |
|        ID   ID                                                Usage         |
|=============================================================================|
|    0   N/A  N/A      1370      G   /usr/lib/xorg/Xorg              67MiB    |
|    0   N/A  N/A      2484      G   /usr/bin/gnome-shell            63MiB    |
+-----------------------------------------------------------------------------+
```

图 2-13　查看 GPU 驱动信息

2.3.1.2　安装 CUDA

统一计算设备架构（Compute Unified Device Architecture，CUDA）是 NVIDIA 公司推出的一种通用并行计算架构，其可利用 GPU 的并行处理功能大幅提升自身处理复杂问题的能力。为发挥 NVIDIA GPU 的并行计算优势，通常需要安装 CUDA。安装前需在 NVIDA 公司官网的下载页面根据操作系统的类型和 GPU 的型号选择合适的 CUDA 版本，如图 2-14 所示。

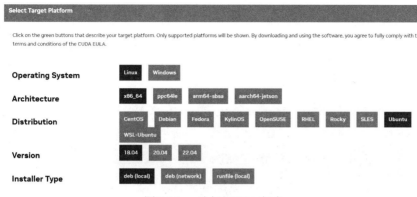

图 2-14 选择 CUDA 版本

下载完成后，安装 CUDA。安装结束后，在命令行中输入"nvcc-V"或"nvcc--version"命令查看 CUDA 安装信息，如图 2-15 所示。如页面能正常显示刚安装的 CUDA 版本号，则说明安装成功。

```
                    -ThinkStation-P920:/$ nvcc -V
nvcc: NVIDIA (R) Cuda compiler driver
Copyright (c) 2005-2020 NVIDIA Corporation
Built on Thu_Jun_11_22:26:38_PDT_2020
Cuda compilation tools, release 11.0, V11.0.194
Build cuda_11.0_bu.TC445_37.28540450_0
                    -ThinkStation-P920:/$ nvcc --version
nvcc: NVIDIA (R) Cuda compiler driver
Copyright (c) 2005-2020 NVIDIA Corporation
Built on Thu_Jun_11_22:26:38_PDT_2020
Cuda compilation tools, release 11.0, V11.0.194
Build cuda_11.0_bu.TC445_37.28540450_0
```

图 2-15 查看 CUDA 安装信息

2.3.1.3 安装 cuDNN

CUDA 深度神经网络库（CUDA Deep Neural Network Library，cuDNN 库）是 NVIDIA 公司针对深度神经网络开发的 GPU 加速库，能够对深度神经网络常见的卷积、池化、归一化等操作进行优化处理。cuDNN 运行在 CUDA 之上，因而需要在 NVIDIA 公司官网的下载页面（需要注册）选择对应的版本，如图 2-16 所示。

图 2-16 选择 cuDNN 版本

在下载 cuDNN 压缩包后将其解压，将文件复制到 CUDA 对应的安装目录下即可。

2.3.2 依赖环境的安装配置

深度学习的运行依赖 Python 及 NumPy、OpenCV、SciPy 等多个工具包，需要在安装深度学习框架之前进行安装配置。

2.3.2.1 Python 的安装配置

Python 是一种面向对象的解释型编程语言，广泛应用于科学计算。当前很多深度学习框架都基于 Python 开发或兼容 Python 代码。Python 的安装过程比较简单，在其官网的下载页面选择合适的版本后即可下载，如图 2-17 所示。

Python Source Releases

- Latest Python 3 Release - Python 3.11.1

Stable Releases

- Python 3.11.1 - Dec. 6, 2022
  - Download Gzipped source tarball
  - Download XZ compressed source tarball
- Python 3.10.9 - Dec. 6, 2022
  - Download Gzipped source tarball
  - Download XZ compressed source tarball
- Python 3.9.16 - Dec. 6, 2022
  - Download Gzipped source tarball
  - Download XZ compressed source tarball

Pre-releases

- Python 3.12.0a4 - Jan. 10, 2023
  - Download Gzipped source tarball
  - Download XZ compressed source tarball
- Python 3.12.0a3 - Dec. 6, 2022
  - Download Gzipped source tarball
  - Download XZ compressed source tarball
- Python 3.12.0a2 - Nov. 15, 2022
  - Download Gzipped source tarball
  - Download XZ compressed source tarball

图 2-17　选择 Python 版本

下载完成后即可安装 Python。安装结束，在命令行中输入 "python-V" 或 "python--version" 命令查看 Python 版本信息，如图 2-18 所示。如能正常显示刚安装的 Python 版本号，则说明安装成功。

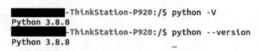

```
            -ThinkStation-P920:/$ python -V
Python 3.8.8
            -ThinkStation-P920:/$ python --version
Python 3.8.8
```

图 2-18　查看 Python 版本信息

Python 一般安装在/usr/local/bin 目录中，通常需要手动将安装路径添加到系统的环境变量 PATH 中，以方便操作系统及其他程序识别 Python 解释器。命令如下。

```
export PATH="$PATH:/usr/local/bin/python"
```

2.3.2.2 工具包管理器的安装配置

工具包本质上是一个函数库，提供各种类型的计算接口。深度学习通常涉及大量的工具包，逐个安装工具包效率较低。为此，通常使用工具包管理器对各类工具包的版本、依赖关系等进行管理，以提高工作效率。常见的工具包管理器有Anaconda、conda、pip、virtualenv 等。其中，Anaconda 集成了 conda、pip、virtualenv 的主要功能，内置了多个常用的工具包。因此，本节以 Anaconda 为例进行说明。

首先需在 Anaconda 官网的下载页面选择合适的版本，如图 2-19 所示。下载之后按照提示安装即可。

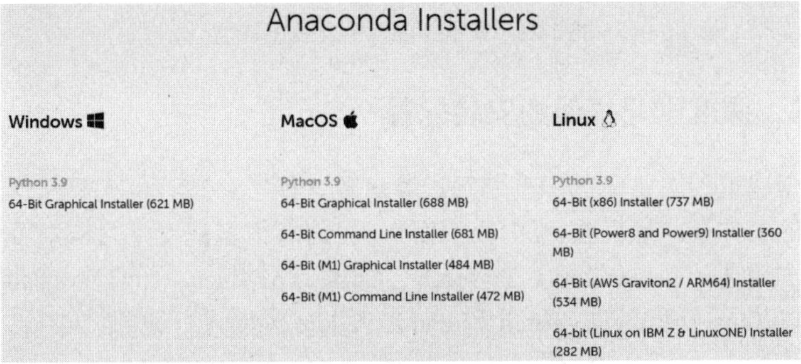

图 2-19　选择 Anaconda 的版本

Anaconda 的默认源通常在境外，在国内的下载速度会很慢，甚至可能因网络错误而导致工具包下载失败，因此可根据需要添加国内的下载源到 Anaconda 中，示例如下。

```
conda config --add channels https://mirrors.tuna.tsinghua.
edu.cn/anaconda/pkgs/free/
conda config --add channels https://mirrors.tuna.tsinghua.
edu.cn/ anaconda/ pkgs/main/
```

2.3.2.3　虚拟环境的创建与工具包的安装

安装好 Anaconda 后即可新建虚拟环境，后续不同的代码可运行在不同的虚拟环境中，避免相互影响。如新建一个名为"pyTest"的虚拟环境，其使用的Python 版本号为 3.6，则执行以下命令。

```
conda create -n pyTest python=3.6
```

在创建好虚拟环境后，需要进行激活，命令如下。具体如图 2-20 所示。

```
conda activate pyTest
```

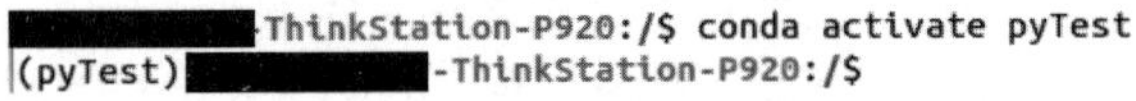

图 2-20　激活虚拟环境

激活虚拟环境后可以在其中根据实际需求安装各类工具包，既可以使用 pip 命令安装，也可以使用 conda 命令安装，如图 2-21 所示。如使用 pip 命令安装 NumPy，使用 conda 命令安装 OpenCV，则执行以下命令。

```
pip install numPy
conda install opencv
```

```
(pyTest)          -ThinkStation-P920:/$ pip install numpy
Collecting numpy
  Downloading numpy-1.19.5-cp36-cp36m-manylinux2010_x86_64.whl (14.8 MB)
  |                                | 14.8 MB 10.6 MB/s
Installing collected packages: numpy
Successfully installed numpy-1.19.5
```

图 2-21　在虚拟环境中安装工具包

2.3.3　深度学习框架的安装配置

深度学习框架对常见的深度学习运算函数进行了封装，可大幅减少开发深度学习应用的工作量，因而得到了广泛应用。目前有很多深度学习框架可供选择，应用较多的包括 TensorFlow、PyTorch、Caffe、MXNet、CNTK、PaddlePaddle 等。本节以 TensorFlow、PyTorch 和 PaddlePaddle 为例进行说明。

2.3.3.1　TensorFlow 的安装配置

TensorFlow 是谷歌公司设计开发的一款开源深度学习框架，其将数据表示为多维数组形式的张量，通过张量的流动来实现数据的计算和映射，目前在学术界和工业界得到了较为广泛的应用。

TensorFlow 分为 CPU 版本和 GPU 版本，两者的安装过程略有差异。在安装之前需要在公司官网的下载页面选择合适的版本，如图 2-22 所示。

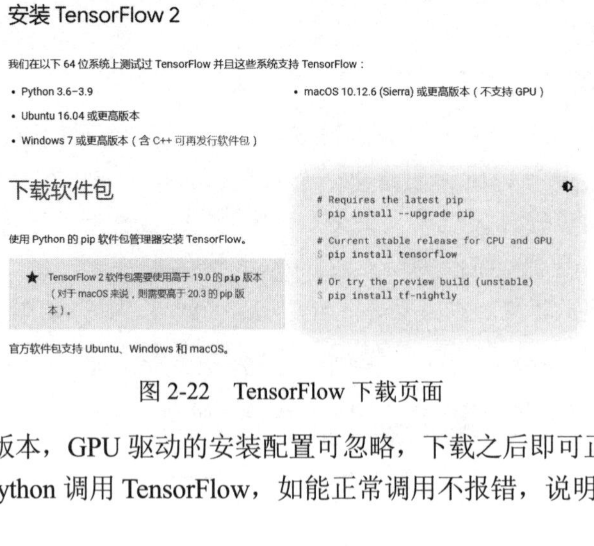

图 2-22　TensorFlow 下载页面

对于 CPU 版本，GPU 驱动的安装配置可忽略，下载之后即可正常安装。安装完成后可通过 Python 调用 TensorFlow，如能正常调用不报错，说明安装成功。

对于 GPU 版本，需要先正确安装 GPU 驱动，之后安装 TensorFlow。安装成功与否的测试方法同 CPU 版本。

2.3.3.2　PyTorch 的安装配置

PyTorch 是脸书公司设计开发的一款开源深度学习框架，它延续了 Torch 在多维矩阵数据操作上的计算架构，同样通过对张量的动态计算来实现深度学习模型的训练和推理。PyTorch 支持动态神经网络，在学术界和工业界应用较多。

首先需要在 PyTorch 官网的下载页面选择合适的配置，包括底层操作系统类型、工具包管理器、Python 版本、CUDA 版本等，如图 2-23 所示。

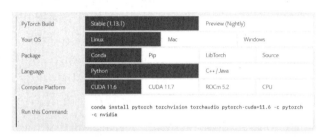

图 2-23　PyTorch 下载页面

然后在命令行终端执行下载页面中的提示命令即可完成安装。

最后通过 Python 调用 PyTorch，以调用时是否出错来测试安装是否成功。

2.3.3.3　PaddlePaddle 的安装配置

PaddlePaddle（又称飞桨）是百度公司开发的一款开源深度学习框架，同样以张量来表示数据，支持静态图编程和动态图编程，以及动态图到静态图的转换，适用于不同的模型开发部署场景，在学术界和工业界也有较多应用。

首先需要在 PaddlePaddle 官网的下载页面选择合适的配置，包括底层操作系统类型、工具包管理器、CUDA 版本等，如图 2-24 所示。

图 2-24　PaddlePaddle 下载页面

然后在命令行终端执行下载页面中的提示命令即可完成安装。

最后同样通过 Python 调用 PaddlePaddle，以调用时是否出错来测试安装是否成功。

从上述深度学习框架的安装流程可以看出，各框架的安装配置过程大同小异。对深度学习与神经网络的学习者和使用者而言，可以采用相似的方式使用不同的框架，从而将精力集中在具体算法的设计实现上，提高开发效率。

2.3.4　集成开发环境的安装配置

深度学习与神经网络算法的开发既需要基础软硬件的支撑，也需要根据实际应用需求进行定制开发。开发过程既可以通过命令行终端直接编写代码，也可以通过集成开发环境（Integrated Development Environment，IDE）辅助代码的编写。相对而言，命令行方式简洁高效，适用于逻辑简单的小程序，而 IDE 方式功能丰富，适用于逻辑复杂的大程序。

深度学习的 IDE 有很多，包括 PyCharm、Visual Studio Code、Spyder 等，各有特色，适用于不同的场景。本节以常用的 PyCharm 为例进行说明。

首先需要在 PyCharm 官网的下载页面选择合适的版本，如图 2-25 所示。

图 2-25　PyCharm 版本选择

下载之后正常安装即可。

安装完成后启动 PyCharm，即可新建 Python 项目。新建 Python 项目时可以使用默认的 Python 环境，也可以选择特定的解释器（Interpreter），以实现与虚拟环境的关联。PyCharm 新建项目示例如图 2-26 所示。

创建好项目后，可根据需要对开发环境进行配置，包括修改与虚拟环境的关联、在虚拟环境中安装或删除工具包等。PyCharm 配置示例如图 2-27 所示。

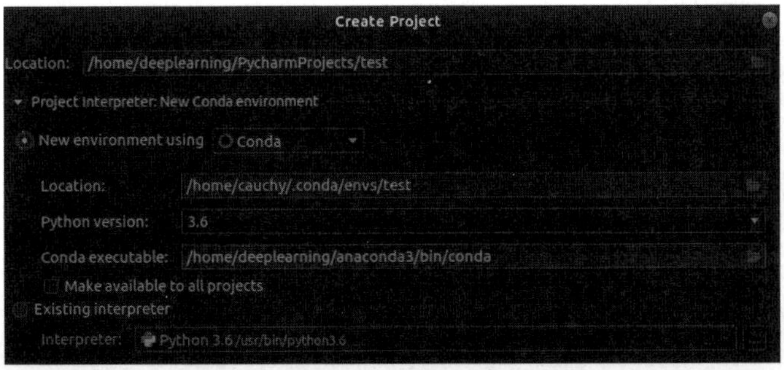

图 2-26　PyCharm 新建项目示例

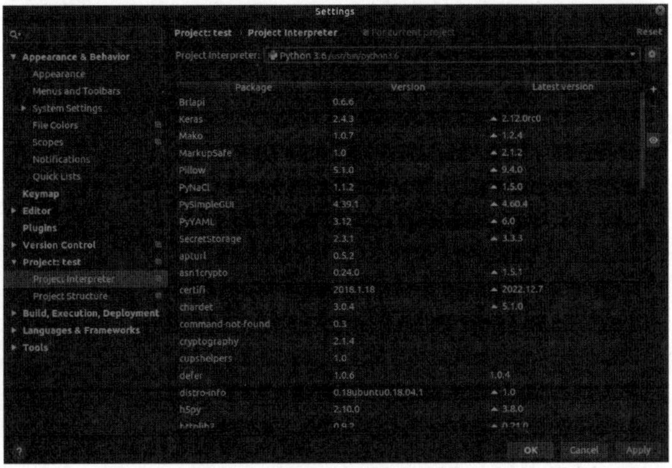

图 2-27　PyCharm 配置示例

本章小结

　　本章对深度学习与神经网络相关的预备知识做了简要介绍，以帮助读者更好地理解后续章节。深度学习与神经网络经过了多年的发展，涉及线性代数、概率论、优化理论等多个不同学科的基础知识。本章对相关的概率、评价指标、典型算法等进行了介绍。作为一项实践性很强的技术，深度学习与神经网络离不开实验验证，本章以基于 Python 的深度学习开发环境构建为例，对其中的主要环节进行了示例说明。需要说明的是，深度学习与神经网络目前正处于快速发展时期，其涉及的基础知识众多，本章难以悉数罗列，需要读者在实际学习的过程中逐步补全。特别是信息技术目前也处在快速发展时期，深度学习与神经网络实验环境构建涉及的软硬件快速迭代更新，相应的安装配置流程也会发生变化，需要根据具体环境适配调整。

第 3 章

前馈神经网络

前馈神经网络（Feedforward Neural Network，FNN）是一种结构简单的人工神经网络，其神经元分层排列，每层神经元只向前一层神经元传递信息，不会向后一层神经元传递。前馈神经网络从 20 世纪 60 年代发展至今，已得到广泛应用，衍生出了多种类型的神经网络。本章从前馈神经网络的基础模型——感知器出发，介绍前馈神经网络的基本结构及涉及的激活函数、梯度下降、误差反向传播等知识。

3.1 感知器

感知器使用神经元来模拟人类识别信息的过程，是之后各类神经网络发展的基础。初始的感知器只有一层神经元，可称之为单层感知器，主要用于解决线性可分问题。后来为了解决非线性可分问题，人们在单层感知器的基础上增加了一层神经元，诞生了多层感知器。之后，随着神经元参数求解算法的不断优化改进，前馈神经网络理论得到了进一步的丰富和完善。

3.1.1 单层感知器

单层感知器是感知器的最初形态，只有输入层和输出层，输入层负责接收外界的输入，输出层使用神经元进行计算并输出计算结果。所谓单层，是指只有一层神经元用于计算。在非特指情形下，单层感知器也常简化称为感知器。感知器的输入为数据样本特征化后的特征向量，输出为数据样本对应的类别，在二分类问题中通常使用+1 和−1 指代。

在设计感知器时需要首先确定输入特征向量的维数 n 和输出层神经元的个数 m ，然后通过不断学习来确定内部参数值，主要为神经元对应的权重 w 和偏置

值 b。在输入特征向量为二维时，样本数据可映射为平面坐标上的点，感知器通过一条直线 $f(x)=\boldsymbol{w}^{\mathrm{T}}x+b$ 将两个类别的样本区分开，如图 3-1 所示。其中，神经元的权重值对应直线的斜率，偏置值对应直线的截距。

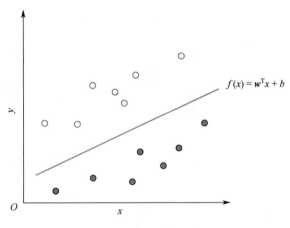

图 3-1　感知器的分类

通过对输入特征向量的每个维度数据进行加权求和，然后加上偏置值即可得到输入数据样本 x 属于某个类别的概率值 $f(x)$。但 $f(x)$ 通常是一个小数，为将其映射到+1 和−1 两个类别上，通常使用阈值 θ 进行判断，如果 $f(x)\geqslant\theta$，则 x 对应的类别标签 y' 为+1，否则为−1，即

$$y'=\begin{cases}+1 & f(x)\geqslant\theta \\ -1 & f(x)<\theta\end{cases} \tag{3-1}$$

在确定感知器中神经元的数量后，需要重点学习得到对应的参数值。可以将参数值的学习过程看作一个不断优化改进的过程，通过最小化分类误差来得到最优值。

假定感知器学习过程中使用的数据样本集 $T=\{(x_1,y_1),(x_2,y_2),\cdots,(x_n,y_n)\}$，包含 n 个样本，特征集 $X=\{x_1,x_2,\cdots,x_n\}$，类别标签 $Y=\{-1,+1\}$，每个样本 $x_i\in X$ 对应一个类别标签 $y_i\in Y$，则在二维空间，分类函数 $f(x)=\boldsymbol{w}^{\mathrm{T}}x+b$ 对应的分类直线随着 $\boldsymbol{w}$ 和 b 的改变而在平面上移动，如图 3-2 所示。

为评价不同分类函数的分类效果，通常定义损失函数来计算函数的期望输出结果和实际输出结果之间的差异，通过不断迭代来最小化损失函数。简单而言，可以将错误分类的样本数作为损失函数来评价分类函数的性能。但不同分类函数对应的错分样本数通常是不连续的，对于参数 $\boldsymbol{w}$ 和 b 不是连续可导的，不利于优化参数。

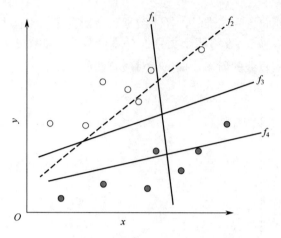

图 3-2　感知器分类函数变化

为此，感知器将损失函数定义为错分样本点到分类直线（在多维空间为分类超平面）的距离和，以保证损失函数对参数 $\boldsymbol{w}$ 和 b 连续可导。单个数据样本点 x_i 到分类直线 $f = \boldsymbol{w}^{\mathrm{T}} x + b$ 的距离为

$$d_i = \frac{1}{\|\boldsymbol{w}\|} \left| \boldsymbol{w}^{\mathrm{T}} x_i + b \right| \tag{3-2}$$

假定在分类直线 f 下的错误分类样本集合为 M，则所有的错分样本点到 f 的总距离为

$$D = \sum_{x_i \in M} d_i = \frac{1}{\|\boldsymbol{w}\|} \sum_{x_i \in M} \left| \boldsymbol{w}^{\mathrm{T}} x_i + b \right| \tag{3-3}$$

由于 $\dfrac{1}{\|\boldsymbol{w}\|}$ 仅用于规范化距离大小，不影响参数最优解求解，所以在定义损失函数时可将其忽略。此外，对于错分的样本点 x_i，其预测类别 $y_i' = \boldsymbol{w}^{\mathrm{T}} x_i + b$ 和实际类别 y_i 必然是相反的，即 $y_i(\boldsymbol{w}^{\mathrm{T}} x_i + b) < 0$。由此，定义感知器的损失函数为

$$L(\boldsymbol{w}, b) = -\sum_{x_i \in M} y_i(\boldsymbol{w}^{\mathrm{T}} x_i + b) \tag{3-4}$$

由式（3-4）可知，损失函数非负。错分样本点越少，距离分类直线越近，损失函数值越小；当没有错分样本点时，损失函数值为 0。

定义好损失函数后，即可通过函数求导的方式得到参数的最优值。最优值的求解通常不是一次性完成的，而是通过不断的迭代来逐渐逼近的。损失函数的梯度为

$$\frac{\partial L(\boldsymbol{w},b)}{\partial \boldsymbol{w}} = -\sum_{x_i \in M} y_i x_i \tag{3-5}$$

$$\frac{\partial L(\boldsymbol{w},b)}{\partial b} = -\sum_{x_i \in M} y_i \tag{3-6}$$

求得梯度后对每个数据样本对应的参数 $\boldsymbol{w}$ 和 b 进行更新。

$$\boldsymbol{w}(t+1) = \boldsymbol{w}(t) + \eta y_i x_i \tag{3-7}$$

$$b(t+1) = b(t) + \eta y_i \tag{3-8}$$

其中，$\eta(0 < \eta < 1)$ 为学习率，也称为步长，用于调节梯度对更新过程的影响；t 为迭代次数。通过不断更新参数 $\boldsymbol{w}$ 和 b，使损失函数的值越来越小，直至为 0，即没有数据样本被错误地分类。

3.1.2　多层感知器

单层感知器能够很好地处理线性可分问题，但对异或等线性不可分问题无法得到最优解。由此，一种直观的解决方案是增加神经元的层数，提升感知器解决非线性问题的能力。通常将在输入层和输出层中间增加一层神经元后的感知器称为多层感知器。

感知器中的神经元在本质上是对输入特征的映射变换，一层神经元可以实现线性映射，两层神经元可以实现非线性映射，理论上可以实现对任意分类曲线的近似。分类曲线如图 3-3 所示。

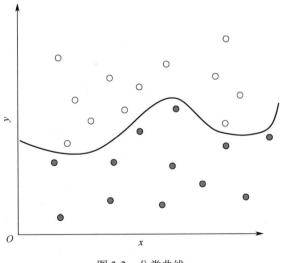

图 3-3　分类曲线

多层感知器在形式化表示上和单层感知器类似，主要差异在于多层感知器的学习过程更加复杂。多层感知器多了一层神经元，在学习训练时涉及如何在两层神经元之间传递误差的问题。这时通常使用误差反向传播算法，即数据样本的特征信息从中间层神经元向输出层神经元正向传播，而错误分类的误差信息从输出层神经元反向向中间层神经元传递。

在特征正向传播时，输入样本的特征首先经过输入层传递到中间层。然后经过中间层神经元计算后传递到输出层。再经过输出层神经元计算后输出预测结果。正向传播时，多层感知器中的所有参数保持不变，即只对输入信息进行传递与计算，并不改变参数。

在误差反向传播时，首先定义损失函数以计算预测结果和实际结果之间的差异。然后将差异反向传递给输出层神经元，调整输出层神经元的参数。最后将输出层的差异反向传递给中间层神经元，调整中间层神经元的参数。反向传播时，只对多层感知器的参数进行调整，并不进行特征的计算。

多层感知器的学习过程通常需要将特征的正向传播和误差的反向传播迭代进行多次，最终使预测结果逐渐逼近实际结果。多层感知器误差反向传播示例如图 3-4 所示。

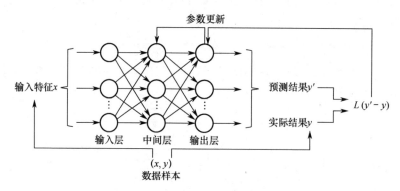

图 3-4　多层感知器误差反向传播示例

3.1.3　前馈神经网络的基本结构

前馈神经网络是从感知器发展而来的一类神经网络结构，通常非特指某个固定网络。从广义而言，单层感知器和多层感知器均属于前馈神经网络。从狭义而言，前馈神经网络有时也指具有特定激活函数或不同层神经元之间完全连接等结构的神经网络。

前馈神经网络在结构上由输入层、输出层和若干中间隐藏层组成，每层神经元只会向前传递信息，作为下层神经元的输入。下层神经元不会向后传递信息，即不存在反馈。每层神经元与下层神经元之间完全互连，神经元之间不存在同层连接和跨层连接。

在实际设计前馈神经网络时主要考虑的因素包括以下几个。

（1）网络的层数。通常而言，增加神经元的层数能够提升网络的拟合能力，降低网络的学习误差。但网络层数的增加也可能在增加网络学习时间的同时，导致网络过拟合于训练数据，而对训练数据之外的数据预测效果欠佳。

（2）神经元的个数。在确定网络的层数后，每层神经元的个数也会影响网络的学习能力。神经元个数过少，可能导致网络收敛较慢，需要多次迭代，最后的学习误差较大；神经元个数过多，可能导致网络过拟合，训练时间较长。

（3）学习速率。当学习速率或步长过大时，在网络学习的过程中可能来回震荡，收敛速度较慢；当学习速率过小时，学习过程会比较缓慢，时间较长。

3.2　激活函数

对于线性模型，如单层感知器，对输入数据进行线性变换进而映射到输出结果。增加神经元层数后，如果继续使用线性变换，则后续神经元的输入只是前面各层神经元的线性组合，无法使网络具有非线性拟合能力。为此，通常需要在具有多个神经元层的前馈神经网络中引入激活函数，将线性输出变换为非线性输出。应用激活函数不仅可以提升网络拟合非线性函数的能力，还可以缓解梯度消失，提高模型鲁棒性，加速模型收敛等。

常见的激活函数包括 Sigmoid、ReLU、Tanh、Softmax 等，以及由它们衍生出的各类变种函数。

3.2.1　Sigmoid 函数

Sigmoid 函数也称为 S 形生长曲线，将输入映射到 0 和 1 之间，其数学表达式为

$$f(x) = \frac{1}{1 + e^{-x}} \tag{3-9}$$

Sigmoid 函数的激活曲线如图 3-5 所示。

Sigmoid 函数可以保持输出在 0 和 1 之间，使数据变化幅度不会过大，在物

理意义上接近生物神经元。但当输入非常小或非常大时，输出接近常数 0 或 1，变化非常小，导致梯度接近 0，进而导致收敛速度变慢。此外，Sigmoid 函数中的幂运算相对耗时，对计算速度有一定的影响。为此，衍生出了 Hard-Sigmoid 函数，它去掉了幂运算以提高计算速度。

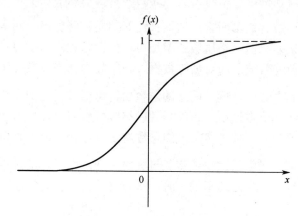

图 3-5　Sigmoid 函数的激活曲线

Hard-Sigmoid 函数的数学表达式为

$$f(x) = \begin{cases} 0 & x < -2.5 \\ 0.2x + 0.5 & -2.5 \leqslant x \leqslant 2.5 \\ 1 & x > 2.5 \end{cases} \tag{3-10}$$

Hard-Sigmoid 函数的激活曲线如图 3-6 所示。

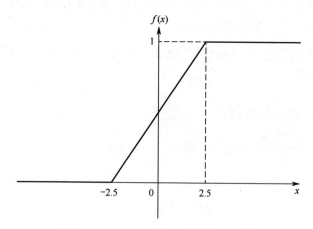

图 3-6　Hard-Sigmoid 函数的激活曲线

3.2.2　ReLU 函数

整流线性单元（Rectified Linear Unit，ReLU）函数在各类神经网络中被广泛应用。ReLU 函数在输入小于或等于 0 时输出为 0，输入大于 0 时输出与输入相同，其数学表达式为

$$f(x) = \max(0, x) \tag{3-11}$$

或

$$f(x) = \begin{cases} x & x > 0 \\ 0 & x \leqslant 0 \end{cases} \tag{3-12}$$

ReLU 函数的激活曲线如图 3-7 所示。

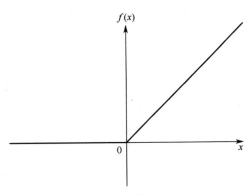

图 3-7　ReLU 函数的激活曲线

ReLU 函数计算简单，只需要判断输入是否大于 0 即可。由于在输入小于或等于 0 时输出为 0，会导致部分神经元不被激活，进而相应的参数得不到更新，为此，衍生扩展出了 Swish、Leaky ReLU、ELU 等激活函数。

Swish 函数是 Sigmoid 函数和 ReLU 函数的结合改进版，综合了两者的优势，具备无上界有下界、平滑非单调等特性，在深层模型上的效果优于 ReLU，但计算速度相对较慢。

Swish 函数的数学表达式为

$$f(x) = x \times \text{Sigmoid}(x) = \frac{x}{1 + e^{-x}} \tag{3-13}$$

Swish 函数的激活曲线如图 3-8 所示。

Leaky ReLU 函数在输入大于 0 时，输出等于输入，在输入小于或等于 0 时，输出与输入呈线性关系，可以避免部分神经元不被激活的问题。

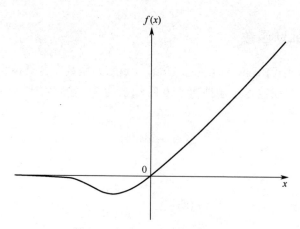

图 3-8　Swish 函数的激活曲线

Leaky ReLU 函数的数学表达式为

$$f(x)=\begin{cases} x & x>0 \\ \alpha x & x\leqslant 0 \end{cases}$$
（3-14）

其中，α 为超参数，用于调节输入小于或等于 0 时输出的大小，通常取一个很小的固定值，如 0.01。

Leaky ReLU 函数的激活曲线如图 3-9 所示。

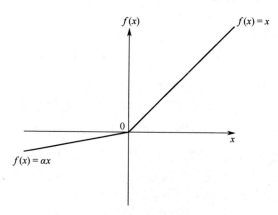

图 3-9　Leaky ReLU 函数的激活曲线

Leaky ReLU 函数中 α 的取值对网络的学习过程有一定的影响，除使用固定值外，也可以对 α 随机取值，称为随机 Leaky ReLU（Randomized Leaky ReLU）。如果将 α 作为一个需要学习的参数，则称为参数化的 ReLU（Parametrized ReLU，PReLU）。

可以将 ELU 函数看作介于 ReLU 和 Leaky ReLU 之间的函数，当输入大于 0

时，输出等于输入，当输入小于或等于 0 时，输出与输入之间的曲线更加平滑。

ELU 函数的数学表达式为

$$f(x) = \begin{cases} x & x > 0 \\ \alpha(e^x - 1) & x \leqslant 0 \end{cases}$$　　　　（3-15）

其中，α 为超参数，当输入小于或等于 0 时，激活函数的梯度曲线趋近 $-\alpha$，通常取值为 1。

ELU 函数的激活曲线如图 3-10 所示。

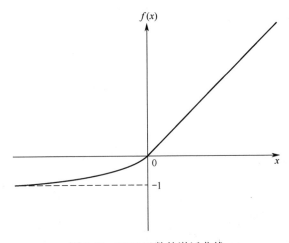

图 3-10　ELU 函数的激活曲线

3.2.3　Tanh 函数

Tanh 函数以三角函数中的双曲正切函数为基础，输出值介于–1 和 1 之间，其数学表达式为

$$f(x) = \tanh(x) = \frac{e^x - e^{-x}}{e^x + e^{-x}}$$　　　　（3-16）

Tanh 函数的激活曲线如图 3-11 所示。

Tanh 函数的输出以 0 为中心，有助于误差的反向传播，但仍可能存在部分神经元不被激活的问题。在此基础上衍生出了 Mish 函数。与 Swish 函数类似，Mish 函数同样具有无上界有下界、平滑非单调等特性。

Mish 函数的数学表达式为

$$f(x) = x \times \tanh(\ln(1 + e^x))$$　　　　（3-17）

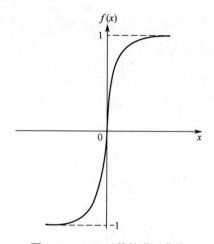

图 3-11　Tanh 函数的激活曲线

Mish 函数的激活曲线如图 3-12 所示。

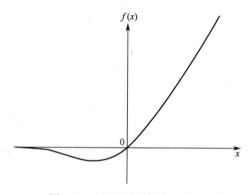

图 3-12　Mish 函数的激活曲线

3.2.4　Softmax 函数

Softmax 函数根据输入计算输出值的概率分布，输出值介于 0 和 1 之间，且和等于 1。

Softmax 函数的数学表达式为

$$f(x_i) = \frac{e^{x_i}}{\sum_{c=1}^{C} e^{x_c}} \tag{3-18}$$

其中，C 为类别数，对应输出节点数；x_i 为第 i 个节点的内部输出值；分子中的指数运算将输入映射到 0 至无穷大，确保输出的概率值非负；分母将所有指数运算结果相加，实现归一化，确保概率和等于 1。

Softmax 函数的激活曲线如图 3-13 所示。

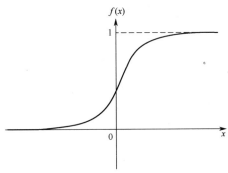

图 3-13　Softmax 函数的激活曲线

Softmax 是相对于 Hardmax 而言的，两者在确定输出类别时处理方式存在差异。Hardmax 每次选择概率最大的类别为输出结果，而 Softmax 每次输出属于每个类别的概率值，即输入样本有多大的概率属于某个类别。

3.3　误差反向传播

前馈神经网络的学习过程是信息不断前向传播和误差不断反向传播的迭代更新过程。其中，误差的反向传播为网络参数的更新提供了有效指导，使网络参数不断朝着提升网络性能的方向发展。在反向传播过程中，涉及单层神经元内部如何找到更有利于参数更新的方向，以及误差如何在不同神经元层之间传递等问题。

3.3.1　梯度下降法

前馈神经网络的学习过程也是其内部参数不断更新的过程。关于如何在参数空间找到最优解，目前普遍使用梯度下降法确定搜索的方向。梯度下降法的基本流程在第 2.1.3 节已有介绍，本节不再展开。梯度下降法对应求解函数的局部极小值，相应地，也可以使用梯度上升法求解函数的局部极大值。为简化问题表述，通常以求解局部极小值为例进行说明。梯度下降过程如图 3-14 所示。

梯度下降法有多种算法实现方式，如按照每次计算梯度时用到的样本数据量进行区分，可分为批量梯度下降法、随机梯度下降法和小批量梯度下降法。批量梯度下降法每次计算所有样本数据的梯度，然后求平均值，作为本次迭代的梯度，在数据量大且特征维度多时计算量较大；随机梯度下降法每次随机抽取某个数据样本来计算梯度，作为本次迭代的梯度，计算速度较快，但随机选取数据样本可能导致迭代过程的震荡；小批量梯度下降法综合了前面两种方法的优点，每次随机选取一小批数据样本进行梯度计算，在计算速度和迭代收敛的稳定性之间取得了平衡。

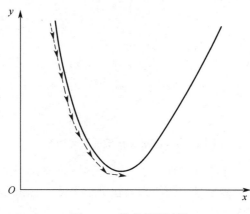

图 3-14　梯度下降过程

3.3.2　链式法则

在计算梯度的过程中涉及大量的函数求导运算，尤其需要对包含多个变量的复合函数计算其偏导数。在复合函数的求导过程中需要使用链式法则，即如果变量 z 依赖变量 y，变量 y 又依赖变量 x，则变量 z 通过中间变量 y 依赖变量 x，其导数计算为

$$\frac{\partial z}{\partial x} = \frac{\partial z}{\partial y}\frac{\partial y}{\partial x} \qquad (3\text{-}19)$$

链式法则的作用类似链条，将复合函数中某个简单函数的导数传递到下一个简单函数，最终得到复合函数的导数。

前馈神经网络中包含多种类型的变量，如标量、向量、矩阵等。因此，在使用链式法则的过程中涉及标量对标量、标量对向量、标量对矩阵、向量对标量、向量对向量、向量对矩阵、矩阵对标量、矩阵对向量、矩阵对矩阵等不同类型的求导方式。

假定 x 和 y 为标量，x 和 y 为向量，X 和 Y 为矩阵，则不同类型变量的求导方式如表 3-1 所示。

标量对标量的求导即高等数学中传统意义上的求导方式，是其他求导方式的基础。其他类型的求导方式虽然更加复杂，但都遵循了相同的逻辑。以标量对向量的求导为例，因向量由一组标量按照一定的顺序排列组成，因此标量对向量的求导即标量对向量中的每个标量分别求导，然后将求导结果按顺序排列，组成一个新的向量。其他类型求导方式的求导过程与此类似，最后都是分解为标量对标量的求导，然后将求导结果按顺序排列。

表 3-1　不同类型变量的求导方式

自　变　量	因　变　量		
	标量 y	向量 y	矩阵 Y
标量 x	$\dfrac{\partial y}{\partial x}$	$\dfrac{\partial y}{\partial x}$	$\dfrac{\partial Y}{\partial x}$
向量 x	$\dfrac{\partial y}{\partial x}$	$\dfrac{\partial y}{\partial x}$	$\dfrac{\partial Y}{\partial x}$
矩阵 X	$\dfrac{\partial y}{\partial X}$	$\dfrac{\partial y}{\partial X}$	$\dfrac{\partial Y}{\partial X}$

两个变量之间的求导对维数并无要求，按照顺序逐个计算即可。但当对多个变量使用链式法则时，则需要确保前后变量之间维数相容，即符合矩阵乘法运算的维数要求。

假定 x、y、z 分别为 n、m、k 维向量，则 y 对 x 求导时先将 y 中的第一个元素 y_1 对 x 中的第一个元素 x_1 求导，将求导结果排在第一行第一列。然后将 y 中的第一个元素对 x 中的第二个元素 x_2 求导，将求导结果排在第一行第二列。以此类推，则可得到一个 $m \times n$ 的矩阵 A，称为雅可比矩阵（Jacobia Matrix）。

$$A = \frac{\partial y}{\partial x} = \begin{pmatrix} \dfrac{\partial y_1}{\partial x_1} & \dfrac{\partial y_1}{\partial x_2} & \cdots & \dfrac{\partial y_1}{\partial x_n} \\[2mm] \dfrac{\partial y_2}{\partial x_1} & \dfrac{\partial y_2}{\partial x_2} & \cdots & \dfrac{\partial y_2}{\partial x_n} \\[2mm] \vdots & \vdots & \ddots & \vdots \\[2mm] \dfrac{\partial y_m}{\partial x_1} & \dfrac{\partial y_m}{\partial x_2} & \cdots & \dfrac{\partial y_m}{\partial x_n} \end{pmatrix} \tag{3-20}$$

同理，z 对 y 求导可得到一个 $k \times m$ 的雅可比矩阵 B。此时，矩阵 B 和矩阵 A 符合矩阵乘法运算的维数要求，相乘即可得到 z 对 x 的求导结果，即一个 $k \times n$ 的雅可比矩阵 C。

$$C_{k \times n} = B_{k \times m} A_{m \times n} \tag{3-21}$$

如果在应用链式法则时前后变量的维度不相容，则需要进行换序或转置。

假定 x 和 y 分别为 n 和 m 维向量，z 为标量，则 y 对 x 求导的结果为一个 $m \times n$ 的矩阵 A，z 对 y 求导的结果为一个 $m \times 1$ 的向量 b。此时，向量 b 和矩阵

A 不符合矩阵乘法运算的维数要求，无法实现 z 对 x 的求导。

将标量对向量的求导进行转置，则可实现维度相容。

$$\left(\frac{\partial z}{\partial x}\right)^{\mathrm{T}} = \left(\frac{\partial z}{\partial y}\right)^{\mathrm{T}}\frac{\partial y}{\partial x} \tag{3-22}$$

此后，对等式两边再次进行转置，即可实现 z 对 x 的求导。

$$\frac{\partial z}{\partial x} = \left(\frac{\partial y}{\partial x}\right)^{\mathrm{T}}\frac{\partial z}{\partial y} \tag{3-23}$$

此时，z 对 x 的求导结果为一个 $n \times 1$ 的向量 c。

$$c_{n\times 1} = A_{m\times n}^{\mathrm{T}}b_{m\times 1} \tag{3-24}$$

如果在 z 和 x 之前存在多个中间向量 $y_i(i=1,2,\cdots,q)$，则使用链式法则求导的过程可以以此类推。

$$\frac{\partial z}{\partial x} = \left(\frac{\partial y_n}{\partial y_{n-1}}\frac{\partial y_{n-1}}{\partial y_{n-2}}\cdots\frac{\partial y_2}{\partial y_1}\right)^{\mathrm{T}}\frac{\partial z}{\partial y_q} \tag{3-25}$$

3.3.3 反向传播

基于前述梯度下降法和链式法则，前馈神经网络通过误差的反向传播实现网络参数的学习。本节以一个典型的三层前馈神经网络为例，说明误差的计算和反向传播过程，如图 3-15 所示。

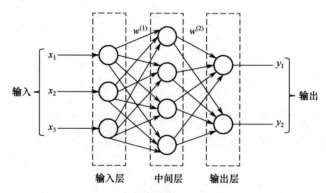

图 3-15 三层前馈神经网络

网络的输入层只负责接收数据样本的特征输入，不进行计算。这里假定每个数据样本只有 3 个特征，用 x_1、x_2 和 x_3 表示。中间层神经元实现对输入特征的第一次变换，此处假定为 4 个神经元，分别表示为 m_1、m_2、m_3 和 m_4。输入层神经元与中间层神经元全连接，即每个输入层神经元都与所有的中间层神经元相连，连接的权重用 $w^{(1)}$ 表示。中间层神经元与输出层神经元也全连接，权重用 $w^{(2)}$ 表示。输出层的神经元个数与数据样本对应的类别数一致，这里假定只有两个类别，分别用 y_1 和 y_2 表示。神经网络的参数通常还包括偏置值，可单独表示，也可以权重的形式统一表示。为简化推理过程，此处将其看作权重的一部分，统一表示。

在网络正常运行时，输入层神经元向中间层神经元传递信息时的激活值为

$$a_j = \sum_{i=1}^{3} w_{ji}^{(1)} x_i = w_{j1}^{(1)} x_1 + w_{j2}^{(1)} x_2 + w_{j3}^{(1)} x_3 \quad j = 1,2,3,4 \tag{3-26}$$

假定中间层的激活函数为 $f(\cdot)$，则中间层神经元输出值为

$$m_j = f(a_j) = f\left(\sum_{i=1}^{3} w_{ji}^{(1)} x_i \right) = f(w_{j1}^{(1)} x_1 + w_{j2}^{(1)} x_2 + w_{j3}^{(1)} x_3) \quad j = 1,2,3,4 \tag{3-27}$$

中间层神经元向输出层神经元传递信息时的激活值为

$$a_k = \sum_{i=1}^{4} w_{kj}^{(2)} m_j = \sum_{i=1}^{4} w_{kj}^{(2)} f(a_j) = \sum_{i=1}^{4} w_{kj}^{(2)} f\left(\sum_{i=1}^{3} w_{ji}^{(1)} x_i \right) \quad k = 1,2 \tag{3-28}$$

假定输出层的激活函数同样为 $f(\cdot)$，则输出层神经元输出值为

$$y_k = f(a_k) \quad k = 1,2 \tag{3-29}$$

通常会在神经网络构建时随机赋予权重 w 一个较小的初始值，进而通过网络的学习训练进行优化。权重的学习主要依赖训练数据。假定训练数据样本集为 $\{x^{(l)}, y^{(l)}\}, l = 1,2,\cdots,N$，则其经过网络运算后的误差平方和为

$$E(w) = \sum_{l=1}^{N} \left\| E_l(w) \right\|^2 = \sum_{l=1}^{N} \left\| y_l - y^{(l)} \right\|^2 \tag{3-30}$$

其中，y_l 为网络的预测标签；$y^{(l)}$ 为训练数据样本的真实标签。

使用批量梯度下降法更新权重表示为

$$w^{(t+1,s)} = w^{(t,s)} - \eta \nabla E(w^{(t,s)}) \tag{3-31}$$

其中，t 为迭代轮数，每轮迭代都会重新计算一次权重；$s = 1,2$ 为网络的层数，分别对应中间层和输出层；$\eta > 0$ 为学习速率，表示梯度信息在权重更新时的重要程度；η 之前的负号表示沿着梯度下降的方向进行搜索。

误差 E 在反向传播时需要首先计算其相对于权重 $w^{(2)}$ 的梯度，但由于 E 不直

接依赖 $w^{(2)}$，需要使用链式法则。

$$\frac{\partial E^{(l)}}{\partial w_{kj}^{(t,2)}} = \frac{\partial E^{(l)}}{\partial a_k^{(l)}} \frac{\partial a_k^{(l)}}{\partial w_{kj}^{(t,2)}} = \frac{\partial E^{(l)}}{\partial y_k^{(l)}} \frac{\partial y_k^{(l)}}{\partial a_k^{(l)}} \frac{\partial a_k^{(l)}}{\partial w_{kj}^{(t,2)}} \tag{3-32}$$

其中，$l = 1,2,\cdots,N$ 为训练数据样本编号；t 为迭代轮次；$k = 1,2,3,4$ 为中间层神经元编号；$j = 1,2$ 为输出层神经元编号。

然后计算误差相对于权重 $w^{(1)}$ 的梯度，同样使用链式法则。

$$\frac{\partial E^{(l)}}{\partial w_{ji}^{(t,1)}} = \frac{\partial E^{(l)}}{\partial a_j^{(l)}} \frac{\partial a_j^{(l)}}{\partial w_{ji}^{(t,1)}} = \frac{\partial E^{(l)}}{\partial m_j^{(l)}} \frac{\partial m_j^{(l)}}{\partial a_j^{(l)}} \frac{\partial a_j^{(l)}}{\partial w_{ji}^{(t,1)}} \tag{3-33}$$

假定中间层和输出层的激活函数均为 $f(\cdot)$，则

$$\frac{\partial E^{(l)}}{\partial m_j^{(l)}} = \sum_{k=1}^{4} (y_k^l - y_k^{(l)}) f'(a_k^{(l)}) w_{kj}^{(t,2)} \tag{3-34}$$

$$\frac{\partial m_j^{(l)}}{\partial a_j^{(l)}} = \frac{\partial f(a_j^{(l)})}{\partial a_j^{(l)}} = f'(a_j^{(l)}) \tag{3-35}$$

$$\frac{\partial a_j^{(l)}}{\partial w_{ji}^{(t,1)}} = \frac{\partial \sum_{i=1}^{3} w_{ji}^{(t,1)} x_i^{(l)}}{\partial w_{ji}^{(t,1)}} = x_i^{(l)} \tag{3-36}$$

定义输出层神经元 y_k 的灵敏度 δ_k 为

$$\delta_k = (y_k - y_k^{(l)}) f'(a_k^{(l)}) \tag{3-37}$$

定义中间层神经元 m_j 的灵敏度 δ_j 为

$$\delta_j = f'(a_j^{(l)}) \sum_{k=1}^{2} \delta_k w_{kj}^{(t,2)} \tag{3-38}$$

则中间层的 δ_j 可通过输出层的 δ_k 求出。

进而中间层的误差可通过输出层的误差计算得到。

$$\frac{\partial E^{(l)}}{\partial a_j^{(l)}} = f'(a_j^{(l)}) \sum_{k=1}^{2} w_{kj}^{(t,2)} \frac{\partial E^{(l)}}{\partial a_k^{(l)}} \tag{3-39}$$

由此，通过不断迭代学习，可计算得到所有的内部参数。当最终的计算误差小于一定的阈值，或者迭代的次数达到一定数值后，即停止学习。

本章小结

　　本章对前馈神经网络相关的基本知识做了简要介绍，为后续各类深度学习算法的学习奠定基础。前馈神经网络以感知器为基础，由输入层、若干中间层和输出层组成，不同层神经元之间全连接，信息只向前传递，不存在反馈。前馈神经网络通过多个神经元层来任意逼近非线性函数。本章对计算过程中常见的激活函数进行了简要介绍，如 Sigmoid、ReLU、Tanh、Softmax 等。此外，前馈神经网络的学习依赖误差的反向传播，本章对其中比较关键的梯度下降法和链式法则进行了介绍，并以一个简单的三层前馈神经网络为例进行了误差反向传播过程的推导说明。

第 4 章
深度模型的优化

深度模型的优化是一个非常重要且复杂的问题，在实际应用中，需要综合利用各种方法和技巧来提高模型的训练效率与泛化能力。本章主要针对深度模型优化中的几个关键问题进行讨论，首先介绍深度模型优化中常见的优化问题，其次讨论常见的优化算法，最后介绍自适应学习率算法和参数初始化方法。

4.1　神经网络的优化问题

在神经网络的优化中，在某些情况下，损失函数对权重参数（梯度）的微小变化非常敏感，导致优化算法出现困难或不稳定，即出现所谓的"病态问题"。这种情况通常出现在 Hessian 矩阵的特征值之间相差很大或某些特征值接近 0（所谓的病态条件）时。

神经网络的 Hessian 矩阵是指神经网络损失函数对于网络权重参数的二阶导数矩阵。它描述了损失函数在当前参数值处的曲率和变化率，可以用来评估模型在某个点的性能及优化算法的收敛速度。例如，如果 Hessian 矩阵的所有特征值都是正数，则该点是局部最小值；如果它们全是负数，则该点是局部最大值；如果存在正负特征值，则该点是鞍点。当神经网络受到病态问题的影响时，可能出现局部最优和振荡陷阱、梯度爆炸和梯度消失等问题。

4.1.1　局部最优和振荡陷阱

深度模型在训练过程中，通常使用梯度下降等优化算法来最小化损失函数以寻找模型参数的最优解。然而，由于深度模型的复杂性和非凸性，模型可能陷入局部最优。局部最优是指在某个局部区域内，模型找到的一个损失函数相对较小的参数值，但这个参数值并不一定是全局最优解。图 4-1 为局部最优值与全局最优值的对比示例。

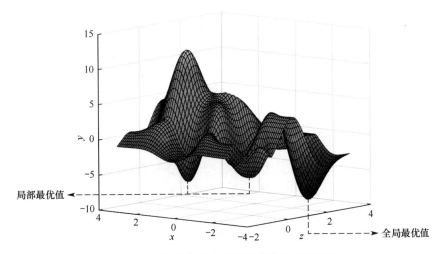

图 4-1　局部最优值与全局最优值的对比示例

由图 4-1 可知,深度模型的损失函数可能有若干局部最优值,而只有一个全局最优值。当一个优化问题的数值解在局部最优解的附近时,由于损失函数有关解的梯度接近或变成零,最终迭代所得的数值解可能只能令损失函数局部最优化而非全局最优化。局部最优解通常是由于损失函数的形状复杂或优化算法的限制导致的。在局部最优解处,模型的性能可能较差,导致模型在训练过程中无法被充分地优化,从而达不到期望的性能。

深度模型陷入局部最优的原因主要有以下几个。

(1)参数初始化。模型的参数通常是通过随机初始化得到的,不同的初始化可能导致模型在参数空间落入不同的局部最优值,从而影响最终的性能。

(2)激活函数。深度模型中使用的激活函数可能导致模型在某些区域内的梯度接近零,从而使模型在这些区域内难以更新参数,可能陷入局部最优。

(3)数据分布。如果训练数据的分布在某些区域内较为稀疏,模型可能在这些区域内难以得到充分的训练样本,从而导致模型在这些区域内陷入局部最优。

可以使用以下几种方法来避免深度模型陷入局部最优。

(1)多次初始化和训练。可以尝试多次随机初始化和训练模型,并选择表现最好的一组参数作为最终的模型。通过多次尝试,可以提高找到全局最优解的可能性。

(2)学习率调度。合适的学习率调度可以对模型的优化过程进行控制,从而避免陷入局部最优。例如,使用学习率衰减策略、自适应学习率调整方法等,可以帮助模型在训练过程中自动调整学习率，从而更好地搜索全局最优解。

（3）模型结构设计。合理的模型结构设计可以提供更大的优化空间，从而降低模型陷入局部最优的可能性。例如，增加网络层数、使用跳跃连接、引入残差连接等设计可以帮助模型更好地避免局部最优。

（4）模型融合。使用模型融合技术，如集成学习、模型堆叠等，将多个不同模型的预测结果进行组合，从而减少局部最优的影响，提高整体性能。

需要注意的是，虽然以上方法可以帮助避免深度模型陷入局部最优，但没有一种方法可以保证能绝对避免局部最优。在实际应用中，需要根据具体问题和数据集的特点进行选择与调整，以获得最佳的优化效果。

此外，由于局部最优解的存在，在深度模型的训练过程中通常陷入振荡陷阱。深度模型振荡陷阱（Oscillating Trap）是指在训练过程中，在损失函数空间，模型参数在两个或多个互相接近但性能差异较大的局部最优值之间来回振荡，无法稳定地收敛到全局最优解或接近全局最优解的状态。这种情况可能导致在模型训练过程中性能停滞不前，收敛缓慢，甚至无法获得较好的模型性能。当模型的权重更新过大或过小时，就可能陷入振荡陷阱。例如，当权重更新过大时，模型可能在参数空间跳跃过头，导致损失函数值在不同参数值之间来回振荡；当权重更新过小时，模型可能在陷阱中来回振荡，无法稳定地移动出局部最优解。振荡陷阱还可能由损失函数的形状复杂、模型权重初始化不合理等原因造成。

避免深度模型陷入局部最优的方法可能部分适用于避免深度模型陷入振荡陷阱，但并不完全适用。一些方法，如学习率调度、模型融合等，可以在一定程度上避免深度模型陷入局部最优和振荡陷阱。然而，要避免深度模型陷入振荡陷阱，可能需要更加强调对模型在训练过程中的动态调整和探索性。例如，使用较小的学习率、合理的权重衰减等策略，可以帮助深度模型在训练过程中更好地探索参数空间，避免在局部最优值之间来回振荡。

需要注意的是，避免深度模型陷入局部最优或振荡陷阱的方法并不是绝对有效的，因为深度学习中的优化问题通常非常复杂，可能存在多个局部最优解或局部极小点，也可能存在多个振荡陷阱。因此，合理地选择网络结构、优化算法、学习率调度等策略，以及根据具体问题和数据集进行实验和调整，是有效避免深度模型陷入局部最优和振荡陷阱的关键。

4.1.2 梯度爆炸和梯度消失

神经网络优化面临的另一个问题是在网络训练过程中存在梯度爆炸（Gradient Exploding）或梯度消失（Gradient Vanishing）的情况，从广义角度来说，这是不稳定梯度问题。什么是不稳定梯度问题呢？首先，将一个神经网络参数初始化后的结果进行可视化，如图 4-2 所示。

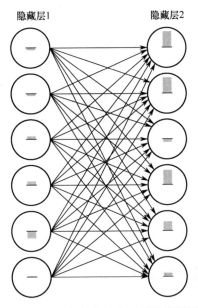

图 4-2　神经网络参数初始化后的结果的可视化

　　图 4-2 中的每个神经元上的柱体表示该神经元的权重参数大小。可以看出，第二层（隐藏层 2）神经元上的柱体都高于第一层（隐藏层 1）神经元上的柱体，即第二层神经元的权重参数要大于第一层神经元的权重参数。权重的更新大小和方向由反向传播算法计算得到的梯度确定。因此，每个权重所更新的量与其关联的梯度成比例。这可以从下式所示的权重更新公式中看出：

$$w = w + \eta \cdot \Delta w \tag{4-1}$$

其中，w 表示权重；η 表示学习率。

　　由于权重更新与它们关联的梯度成比例，如果与某个权重相关联的梯度变得非常大，那么该权重的更新将变得很大，甚至超出最优值，从而使模型无法收敛或训练失败。这种极大的梯度问题称为"梯度爆炸问题"。同样，如果梯度变得非常小，则权重的更新将变得微不足道，神经网络的学习就会受到抑制。这种极小的梯度问题称为"梯度消失问题"。

　　对梯度爆炸和梯度消失的一个更通俗的解释是：假设一个深度神经网络中包含 n 个隐藏层，由于深度神经网络训练通常采用的是反向传播方式，该方式使用链式法则求导，计算每层的梯度时会涉及一些连乘操作。如果连乘的因子大部分大于 1，最后乘积的结果可能趋于无穷，就会出现梯度爆炸问题；如果连乘的因子大部分小于 1，最后乘积的结果可能趋于 0，就会出现梯度消失问题。

造成梯度爆炸问题的原因通常是权重的初始化过大或网络层数太多，导致梯度值不断放大。一些常见的解决方法包括使用梯度裁剪（Gradient Clipping）来限制梯度的最大值，使用合适的权重初始化策略，减小网络的深度，等等。

造成梯度消失问题的原因通常是网络层数太多，导致梯度值逐渐递减。一些常见的解决方法包括使用 ReLU 等非线性激活函数，使用残差结构（Residual Connections）等来提升梯度的流动性，使用更好的权重初始化策略，等等。

神经网络的梯度爆炸和梯度消失问题是深度学习中常见的问题，对模型的训练和性能表现都有着重要的影响。在神经网络的优化中，通常需要采用多种策略来避免网络训练出现梯度爆炸和梯度消失问题。

4.2　常见的优化算法

4.2.1　梯度下降优化算法

梯度下降是一种常用的优化算法，广泛应用于机器学习和深度学习的训练中。其思想是通过迭代地更新模型参数，从而最小化代价函数。根据每次迭代中使用的样本数量的不同，梯度下降优化算法可分为随机梯度下降法、批量梯度下降法和小批量梯度下降法。

4.2.1.1　随机梯度下降法

随机梯度下降法（Stochastic Gradient Descent，SGD）是指在每次迭代时，只选择一个样本来计算梯度，并更新模型参数。在一次迭代中，随机梯度下降法对模型参数的更新公式为

$$\theta_{t+1} = \theta_t + \alpha \cdot \nabla J_i(\theta_t) \tag{4-2}$$

其中，θ_t 表示第 t 次迭代后得到的模型参数；α 是学习率；$\nabla J_i(\theta_t)$ 表示在第 i 个训练样本上计算出的损失函数关于 θ_t 的梯度。

由于每次迭代只使用一个样本进行更新，因此随机梯度下降法具有更快的收敛速度，占用更小的内存。同时，由于随机梯度下降每次迭代处理的不是整个训练集，导致参数可能不是朝着全局最优解的方向更新，而是朝着当前样本的梯度更新方向。因此，它可能受到一些噪声的影响，从而导致参数跳出局部最小值并陷入另一个局部最小值。为了避免这种情况，可以采用一些方法，如学习率调整和随机样本的重新排列。

4.2.1.2　批量梯度下降法

批量梯度下降法（Batch Gradient Descent，BGD）是指在每次迭代中，使用整个训练集来计算损失函数的梯度，并基于计算出的梯度更新模型参数。批量梯度下降法对模型参数的更新规则为

$$\theta_{t+1} = \theta_t + \alpha \cdot \frac{1}{N} \sum_{i=1}^{N} \nabla J_i(\theta_t) \tag{4-3}$$

其中，N 表示训练集的样本容量。由于每次迭代使用整个训练集，因此，批量梯度下降法通常收敛稳定，在某些情况下，能够更准确地估计全局最优解。但是，当数据集较大时，批量梯度下降法需要的计算开销和内存开销都比较大。

4.2.1.3　小批量梯度下降法

小批量梯度下降法（Mini-Batch Gradient Descent，MBGD）是随机梯度下降法和批量梯度下降法的折中方案。它的做法是在每次迭代中使用一部分训练集的梯度来更新模型参数，这部分训练集通常被称为 mini-batch。小批量梯度下降法对模型参数的更新规则为

$$\theta_{t+1} = \theta_t + \alpha \cdot \frac{1}{n} \sum_{i=1}^{n} \nabla J_i(\theta_t) \tag{4-4}$$

式中，n 表示 mini-batch 的大小，且 $1 < n < N$。与批量梯度下降法相比，小批量梯度下降法每次迭代只使用一部分训练集，因此计算效率更高，且能够在保证一定精度的情况下更快地收敛；与随机梯度下降法相比，小批量梯度下降法的参数更新方向具有更好的稳定性。在实际中，小批量梯度下降法也是最常使用的神经网络优化算法。

4.2.2　二阶优化算法

4.2.2.1　牛顿法

牛顿法是机器学习中用得比较多的一种二阶收敛的优化算法。不同于梯度下降法通过使用函数的一阶导数（梯度）来进行迭代，牛顿法通过使用函数的一阶导数（梯度）和二阶导数信息来进行迭代。其基本原理如下。

对于一个需要求解的优化函数 $f(\boldsymbol{x})$，求函数极值的问题可以转化为求导函数 $f'(\boldsymbol{x}) = 0$。将 $f(\boldsymbol{x})$ 在 $\boldsymbol{x}_k$ 处进行泰勒展开到二阶，得到

$$f(\boldsymbol{x}) = f(\boldsymbol{x}_k) + (\boldsymbol{x} - \boldsymbol{x}_k)^{\mathrm{T}} f'(\boldsymbol{x}_k) + \frac{1}{2}(\boldsymbol{x} - \boldsymbol{x}_k)^{\mathrm{T}} H(\boldsymbol{x}_k)(\boldsymbol{x} - \boldsymbol{x}_k) \tag{4-5}$$

其中，$H(\boldsymbol{x}_k)$ 是 $f(\boldsymbol{x})$ 在 $\boldsymbol{x}_k$ 处的 Hessian 矩阵。令 $f'(\boldsymbol{x})=0$ ，则有 $f'(\boldsymbol{x})=$ $f'(\boldsymbol{x}_k)+H(\boldsymbol{x}_k)(\boldsymbol{x}-\boldsymbol{x}_k)=0$ 。由此可以得到迭代的更新公式为

$$x = \boldsymbol{x}_k - H(\boldsymbol{x}_k)^{-1}f'(\boldsymbol{x}_k) \tag{4-6}$$

与梯度下降法相比，牛顿法通常具有更快的收敛速度，因为它利用了二阶导数信息，即考虑了梯度的变化趋势，因而能更全面地确定合适的搜索方向，加速收敛，找到目标函数的最优解。梯度下降法的收敛速度较慢，因为它只使用了一阶导数信息，可能在目标函数比较复杂或存在高度相关性的情况下表现不佳。然而，牛顿法也有一些局限性。例如，对目标函数要求严格，目标函数必须具有连续的一阶、二阶偏导数，Hessian 矩阵必须正定；计算比较复杂，除需要计算梯度外，还需要计算二阶偏导数矩阵和它的逆矩阵。

4.2.2.2　共轭梯度法

共轭梯度法是介于梯度下降法与牛顿法之间的一种方法，它仅利用一阶导数信息，不仅避免了梯度下降法收敛慢的缺点，而且避免了牛顿法计算 Hessian 矩阵并求逆矩阵时存储需求大的缺点。由于共轭梯度法所需存储量小，收敛快，稳定性高，而且不需要任何外来参数，它不仅是解决大型线性方程组最有效的方法之一，也是求解大型非线性最优化问题最有效的算法之一。

目标函数可表示为二次型函数

$$f(\boldsymbol{x}) = \frac{1}{2}\boldsymbol{x}^{\mathrm{T}}\boldsymbol{A}\boldsymbol{x} - \boldsymbol{b}^{\mathrm{T}}\boldsymbol{x} + c \tag{4-7}$$

其中，$\boldsymbol{A}$ 是对称正定矩阵；$\boldsymbol{b}$ 是已知向量；$\boldsymbol{x}$ 是待求解向量。二次型函数的极值可以通过令其一阶导数为 0 来求解获得，即

$$f'(\boldsymbol{x}) = \boldsymbol{A}\boldsymbol{x} - \boldsymbol{b} = 0 \Rightarrow \boldsymbol{x} = \boldsymbol{A}^{-1}\boldsymbol{b} \tag{4-8}$$

然而，求逆矩阵的计算复杂度非常高。即使考虑用矩阵分解的方式，速度也很慢。因此，共轭梯度法考虑用迭代的方式，而不是用直接求逆的方式来解这个问题。给定初始点，取初始搜索方向为负梯度方向，在之后的迭代中取负梯度方向和前一搜索方向的线性组合作为搜索方向，即

$$\boldsymbol{d}_k = \begin{cases} f'(\boldsymbol{x}_0) & k=0 \\ f'(\boldsymbol{x}_k)+\boldsymbol{\beta}_k\boldsymbol{d}_{k-1} & k\geqslant 1 \end{cases} \tag{4-9}$$

其中，$\boldsymbol{d}_k$ 为共轭梯度法中所需的迭代向量；$\boldsymbol{\beta}_k$ 用于使共轭性条件 $\boldsymbol{d}_{k-1}^{\mathrm{T}}\boldsymbol{A}\boldsymbol{d}_k=0$ 满足。将式（4-9）代入该共轭性条件，则有

$$d_{k-1}^{\mathrm{T}} A d_k = -d_{k-1}^{\mathrm{T}} A f'(x_k) + \beta_k d_{k-1}^{\mathrm{T}} A d_{k-1} = 0$$
$$\Rightarrow \beta_k = \frac{d_{k-1}^{\mathrm{T}} A f'(x_k)}{d_{k-1}^{\mathrm{T}} A d_{k-1}} \tag{4-10}$$

有了每次迭代的方向，即 d_k，可以计算出 $f(x)$ 在该方向上的最优步长。计算方法如下。

将 $x_{k+1} = x_k + \alpha_k d_k$ 代入 $f(x_{k+1}) = \frac{1}{2} x_{k+1}^{\mathrm{T}} A x_{k+1} - b^{\mathrm{T}} x_{k+1} + c$ 中，令 $f'(x_{k+1}) = 0$，即可得到最优步长为

$$\alpha_k = -\frac{f'(x_k) d_k}{d_k^{\mathrm{T}} A d_k} \tag{4-11}$$

共轭梯度法的计算步骤可以归纳如下。

（1）令 $k = 0$，选择初始值 x_0。

（2）计算 $f'(x_0)$，若 $f'(x_0) = 0$，则停止，否则 $d_0 = f'(x_0)$。

（3）计算 $\alpha_k = -\dfrac{f'(x_k) d_k}{d_k^{\mathrm{T}} A d_k}$。

（4）计算 $x_{k+1} = x_k + \alpha_k d_k$。

（5）计算 $f'(x_{k+1})$，若 $f'(x_{k+1}) = 0$，则停止。

（6）令 $k = k+1$，计算 $\beta_k = \dfrac{d_{k-1}^{\mathrm{T}} A f'(x_k)}{d_{k-1}^{\mathrm{T}} A d_{k-1}}$ 及 $d_k = f'(x_k) + \beta_k d_{k-1}$，返回步骤（3）。

由上述介绍可知，共轭梯度法的基本思想是在每次迭代中根据当前的梯度和上一步的搜索方向，计算出一个新的搜索方向，并使用这个新的搜索方向来更新参数。这样每次迭代都可以更快地收敛到最优解。共轭梯度法在求解线性方程组问题中具有收敛速度较快、内存消耗较少、自适应性强、可处理大规模问题及可并行化等优点，使其成为一种广泛应用于科学计算、数据分析和优化问题的有效算法。

4.2.2.3　BFGS 算法

BFGS 算法是一种二阶优化算法，由该算法的 4 个共同发现者（Broyden、Fletcher、Goldfarb 和 Shanno）的名字首字母来命名。BFGS 算法属于牛顿法优化算法的扩展，是拟牛顿法的一种，因此满足拟牛顿法的条件。

首先给出拟牛顿法的条件。将 $x = x_{k+1}$ 代入 $f'(x) = f'(x_k) + H(x_k)(x - x_k)$，有

$$f'(x_{k+1}) = f'(x_k) + H(x_k)(x_{k+1} - x_k) \qquad (4\text{-}12)$$

继续化简，令 $f'(x_{k+1}) - f'(x_k) = y_k$，$x_{k+1} - x_k = \delta_k$，有

$$y_k = H(x_k)\delta_k \qquad (4\text{-}13)$$

式（4-13）为拟牛顿法的条件。

由牛顿法的迭代公式（4-6）可以看出，当 Hessian 矩阵非正定时，不能保证所产生的方向是目标函数所处的下降方向。特别地，当 Hessian 矩阵奇异时，算法就无法继续下去了。BFGS 算法可以克服这一点。BFGS 算法考虑使用 B_k 近似 Hessian 矩阵，所以每次对 B_k 进行迭代的核心就是求得 B_{k+1}。B_{k+1} 的求取过程如下。

令 $B_{k+1} = B_k + P_k + Q_k$ 并将其代入式（4-13），有

$$B_{k+1}\delta_k = B_k\delta_k + P_k\delta_k + Q_k\delta_k = y_k \qquad (4\text{-}14)$$

令 $y_k = P_k\delta_k$ 且 $Q_k\delta_k = -B_k\delta_k$，则得到迭代公式

$$B_{k+1} = B_k + \frac{y_k y_k^{\mathrm{T}}}{y_k^{\mathrm{T}}\delta_k} - \frac{B_k\delta_k\delta_k^{\mathrm{T}}B_k}{\delta_k^{\mathrm{T}}B_k\delta_k} \qquad (4\text{-}15)$$

BFGS 算法的计算步骤可以归纳如下。

（1）令 $k = 0$，选择初始值 x_0 和初始正定矩阵 B_0。

（2）计算 $f'(x_0)$，若 $f'(x_0) = 0$，则停止。

（3）由 $B_k p_k = -f'(x_k)$ 求出 p_k，利用一维搜索公式 $f(x_k + \lambda p_k) = \min_{\lambda \geq 0} f(x_k + \lambda p_k)$ 得到最优步长 λ_k。

（4）计算 $x_{k+1} = x_k + \lambda_k p_k$。

（5）计算 $f'(x_{k+1})$，若 $f'(x_{k+1}) = 0$，则停止。

（6）令 $k = k+1$，计算 $B_{k+1} = B_k + \dfrac{y_k y_k^{\mathrm{T}}}{y_k^{\mathrm{T}}\delta_k} - \dfrac{B_k\delta_k\delta_k^{\mathrm{T}}B_k}{\delta_k^{\mathrm{T}}B_k\delta_k}$，返回步骤（3）。

与牛顿法相比，BFGS 算法不需要计算目标函数的二阶导数，只需要计算一阶导数（梯度），因此在目标函数的二阶导数难以计算或计算代价较大的情况下，BFGS 算法更具优势。与共轭梯度法相比，BFGS 算法中使用了拟牛顿法的思想，通过逼近目标函数的 Hessian 矩阵的逆矩阵来更新迭代点，从而避免了在每步都需要进行精确的线搜索，减少了计算量。

4.3　自适应学习率算法

在训练神经网络等机器学习模型时，需要选择一个合适的学习率来更新模型参数，以使模型在训练数据上能够快速地收敛到最优解。然而，选择一个合适的学习率往往非常困难，因为不同的参数对学习率的敏感程度不同，而且在训练过程中，梯度的大小和方向也可能发生巨大的变化，导致学习率的选择变得非常棘手。在此背景下，自适应学习率算法应运而生，它可以通过自动调整每个参数的学习率来减少手动调参的工作量。此外，自适应学习率算法还可以根据不同的参数和数据集特点，适应性地调整学习率，提高模型的训练效果和泛化能力。常见的自适应学习率算法包括 AdaGrad 算法、RMSprop 算法、Adam 算法等。

4.3.1　AdaGrad 算法

AdaGrad 算法是一种基于梯度信息自适应调整学习率的优化算法。相比传统的固定学习率方法，AdaGrad 算法可以根据每个参数的历史梯度信息对其进行动态调节，从而更好地适应不同参数的性质和数据分布特征，提高模型的训练效率和准确性。AdaGrad 算法对模型参数的更新规则为

$$\begin{cases} g_{t,i} = \nabla_{\theta_i} J(\theta_{t,i}) \\ G_{t,i} = \sum_{j=1}^{t} (g_{j,i})^2 \\ \theta_{t+1,i} = \theta_{t,i} - \dfrac{\eta}{\sqrt{G_{t,i} + \varepsilon}} g_{t,i} \end{cases} \tag{4-16}$$

其中，J 表示损失函数；θ_i 表示模型的第 i 个参数；$\theta_{t,i}$ 表示参数 θ_i 在第 t 轮迭代时的值；$g_{t,i}$ 为第 t 轮迭代时参数 $\theta_{t,i}$ 的梯度；η 是全局学习率（超参数）；ε 是一个很小的常数，用于避免除数为 0。

具体地，对于每个模型的参数 θ_i，AdaGrad 算法会维护一个历史梯度平方和的累加量 $G_{t,i}$。然后，AdaGrad 将参数 θ_i 在第 t 轮迭代时的学习率调整为 $\dfrac{\eta}{\sqrt{G_{t,i} + \varepsilon}}$。可见，在 AdaGrad 算法中，某个参数的学习率是根据其历史梯度信息自适应地调整的，因此对于梯度较大的参数，其学习率会相应地降低，从而避免了梯度爆炸的问题；而对于梯度较小的参数，其学习率会相应地提高，从而加快了模型的收敛速度。但是，由于历史梯度平方和的累积导致学习率不断衰减，

可能使学习率过小，从而降低收敛速度，因此在实践中需要注意全局学习率的选择和调整。

4.3.2 RMSprop 算法

在 AdaGrad 算法中，历史梯度不断累加，学习率会随着迭代的进行而单调递减，可能导致后期学习率过小。在此基础上，RMSprop 算法通过使用梯度平方的指数加权移动平均值来自适应地调整学习率。RMSprop 算法对参数 θ_i 的更新规则依旧可描述为

$$\theta_{t+1,i} = \theta_{t,i} - \frac{\eta}{\sqrt{G_{t,i} + \varepsilon}} g_{t,i} \tag{4-17}$$

与 AdaGrad 算法不同的是，RMSprop 算法采用指数加权移动平均的方法计算 $G_{t,i}$，即

$$G_{t,i} = \rho G_{t-1,i} + (1-\rho)g_{t,i}^2 \tag{4-18}$$

其中，当 $t=0$ 时，$G_{0,i} = (1-\rho)g_{0,i}^2$；$\rho$ 是一个衰减系数，用于控制历史梯度的权重，通常情况下，ρ 取值为 0.9 左右。

RMSprop 算法的核心思想是使用指数加权移动平均的方法来计算历史梯度平方信息，并将其用于自适应地调整学习率。由于指数加权移动平均会对近期的数据赋予更大的权重，因此可以有效地处理不同梯度的范围差异问题，避免了梯度爆炸和梯度消失的问题，并且可以加快模型的收敛速度。但是在某些情况下，该算法可能导致学习率过大或过小的问题。

4.3.3 Adam 算法

Adam 算法是另一种自适应学习率算法，它将动量梯度下降结合到 RMSprop 自适应学习率算法中，通过计算梯度的指数移动平均数和梯度平方的指数移动平均数来更新模型参数。具体来说，Adam 算法包含以下几个步骤。

（1）初始化。初始化模型参数 θ、动量估计变量 v 和梯度平方估计变量 m。

（2）计算梯度。在每轮迭代中，对于一个 mini-batch 样本集 B，计算其对应的梯度向量 $\boldsymbol{g}_t$。

（3）计算动量估计变量。按式（4-19）和式（4-20）计算梯度的一阶矩估计（均值）m_t 和二阶矩估计（方差）v_t：

$$m_t = \beta_1 m_{t-1} + (1 - \beta_1)g_t \qquad (4\text{-}19)$$

$$v_t = \beta_2 v_{t-1} + (1 - \beta_2)g_t^2 \qquad (4\text{-}20)$$

其中，β_1 和 β_2 是衰减率参数，通常分别取值为 0.9 和 0.999。

（4）偏差矫正。由于初始时 v 和 m 都为 0（$v_0 = 0$，$m_0 = 0$），因此它们的偏差较大，需要进行偏差校正。具体来说，对于每个变量 m_t 和 v_t，需要分别计算偏差校正后的值 $\hat{m}_t$ 和 $\hat{v}_t$，即

$$\hat{m}_t = \frac{m_t}{1 - \beta_2^t} \qquad (4\text{-}21)$$

$$\hat{v}_t = \frac{v_t}{1 - \beta_2^t} \qquad (4\text{-}22)$$

（5）更新参数。使用偏差校正后的动量估计变量和梯度平方估计变量来更新模型参数 θ，即

$$\theta_{t+1} = \theta_t - \frac{\eta}{\sqrt{\hat{v}_t + \varepsilon}}\hat{m}_t \qquad (4\text{-}23)$$

其中，η 是全局学习率（超参数），通常取值为 0.001；ε 是一个很小的常数，用于防止除数为 0。

Adam 算法具有收敛速度快、对噪声鲁棒、自适应性好、低内存需求等优点。实践也表明，Adam 算法比其他自适应学习率算法效果更好。

4.4　参数初始化方法

神经网络的参数初始化是指在训练神经网络时，如何对其权重和偏置等参数进行初始化以使网络更快地收敛和更好地学习。神经网络模型通常采用梯度下降优化算法进行训练，该优化算法需要选择一个起点，然后通过不断迭代的方式找到参数的最优值，该起点就是参数的初始值。合适的参数初始化能起到事半功倍的效果，不仅能避免神经网络在优化过程中出现梯度爆炸或梯度消失问题，还能加快模型的学习过程，从而提高整个神经网络的训练效率。本节对神经网络优化中常用的参数初始化策略进行介绍。

4.4.1　随机初始化

随机初始化是一种简单的参数初始化策略，它通过从某种分布中随机生成权重和偏置的初值，使初始化后的参数更具有多样性。在实践中，通常采用高斯分

布或均匀分布作为随机初始化的分布。

采用高斯分布对参数进行初始化时，权重 W 将按如下公式进行初始化：

$$W \sim N(0, \sigma^2) \tag{4-24}$$

式中，N 表示高斯分布，也称正态分布。式（4-24）是期望值为 0、方差为 σ^2 的标准正态分布。

PyTorch 框架中高斯分布参数初始化对应的 API 如下。

```
torch.nn.init.normal_(tensor, mean=0, std=1)
```

采用均匀分布对参数进行初始化时，参数将从给定的区间[a,b]中均匀地取值。此时，参数（如权重 W）的方差为

$$\sigma^2 = \frac{(b-a)^2}{12} \tag{4-25}$$

PyTorch 框架中均匀分布参数初始化对应的 API 如下。

```
torch.nn.init.uniform_(tensor, a=0, b=1)
```

在使用高斯分布或均匀分布对参数进行初始化时，关键是如何设置方差。如果方差过小，则参数取值范围太小，可能出现对称性问题，导致所有神经元学习的都是相同的特征，进而影响模型的性能；如果方差太大，则取值过小的神经元的输出经过多层传输时，信号就慢慢消失了，而取值过大的神经元如果采用 Sigmoid 激活函数，其梯度接近 0，会出现梯度消失问题。

4.4.2　Xavier 初始化

随机初始化方法虽然能保证参数初始化值的差异性，但并没有考虑神经元的差异性。在一个神经网络中，各神经元的输入连接数量是不同的。如果一个神经元的输入连接很多，则每个输入连接上的权重就应该小一些，以避免神经元的输出过大；反之，如果一个神经元的输入连接很少，则每个输入连接上的权重就应该大一些，以避免神经元的输出过小。

为了缓解梯度消失或梯度爆炸问题，在初始化神经网络时，应尽可能保持每个神经元输入和输出的方差一致性。为此，Xavier Glorot 等人于 2010 年研究并提出了 Xavier 初始化方法，旨在通过合理的初始化权重，使每个神经元输入和输出的方差相等，从而保持梯度的稳定性。

假设第 l 层的输入神经元个数是 n_{in}，输出神经元个数是 n_{out}（对于全连接层，n_{in} 表示该层输入数据的维度，n_{out} 表示该层输出数据的维度；对于卷积层，

n_{in} 表示该层每个卷积核的输入通道数，n_{out} 表示该层每个卷积核的输出通道数），则 Xavier 初始化对于第 l 层的权重 w 可以按 $N\left(0, \dfrac{2}{n_{in} + n_{out}}\right)$ 的高斯分布进行初始化。

在实践中，根据激活函数的不同，还会给方差 $\dfrac{2}{n_{in} + n_{out}}$ 乘以一个缩放因子。如果激活函数是 Sigmoid 函数，则方差为

$$\sigma^2 = 16 \times \frac{2}{n_{in} + n_{out}} \tag{4-26}$$

如果激活函数是 Tanh 函数，则方差为

$$\sigma^2 = \frac{2}{n_{in} + n_{out}} \tag{4-27}$$

PyTorch 框架中 Xavier 初始化对应的 API 如下。

```
torch.nn.init.xavier_normal_(tensor, gain=1.0)
```

其中，`gain` 表示缩放因子。

4.4.3　He 初始化

Xavier 初始化方法主要为激活函数是 Sigmoid 函数或 Tanh 函数的神经网络提出。随着深度学习技术的发展，ReLU 成为神经网络中最流行和常用的激活函数之一。为了适应 ReLU 函数的特点，He Kaiming 等人于 2015 年提出了 He 初始化方法。

在使用 ReLU 函数时，神经元的输出通常有一半为正值。因此，为了使每个神经元在前向传播时输出的方差保持不变，在反向传播时梯度也能够保持稳定，He 初始化方法按 $N\left(0, \dfrac{2}{n_{in}}\right)$ 的高斯分布对权重进行初始化。其中，n_{in} 表示输入数据的维度（输入神经元的个数）。这里之所以将方差设置为 $\dfrac{2}{n_{in}}$ 而不是 $\dfrac{1}{n_{in}}$，是因为 ReLU 函数的导数在 $x > 0$ 时恒为 1。在使用 ReLU 函数时，前向传播时每个神经元的输出方差会变大约两倍，因此权重初始值的方差也应该相应地增大。

本章小结

本章主要介绍了深度模型的优化方法。首先，本章讨论了神经网络优化中常见的优化问题，包括局部最优和振荡陷阱、梯度爆炸和梯度消失。其次，本章介绍了深度学习中常见的优化算法，包括梯度下降优化算法（随机梯度下降法、批量梯度下降法和小批量梯度下降法等）和二阶优化算法。这些算法有着不同的优点和缺点，需要根据具体的情况选择。再次，本章详细介绍了自适应学习率算法，它是一类在训练过程中自动调整学习率的算法，可以避免手动选择学习率带来的麻烦，并且能在不同神经元层之间自适应地调整学习率，从而改善模型的性能。最后，本章介绍了参数初始化方法，它在深度模型中起着非常重要的作用，可以使模型更容易收敛，并且能够防止过拟合等问题。深度模型的优化是一个非常复杂的问题，为了选择合适的优化算法和参数初始化方法，需要仔细考虑不同算法和方法的优缺点，并根据具体问题进行选择。

第 5 章
深度学习中的正则化

在设计机器学习算法时,不仅要求在训练集上误差小,而且希望在新样本上的泛化能力强。许多机器学习算法都采用相关的策略来减小测试误差,这些策略统称正则化。因为神经网络强大的表示能力经常遇到过拟合问题,所以通常需要使用不同形式的正则化策略。本章介绍了深度学习中常用的正则化方法,包括范数惩罚、数据集增强与噪声注入、提前停止、Dropout 和批归一化。

5.1　范数惩罚

范数是一个将向量映射到非负值的函数,通常用来衡量向量的大小或长度。在机器学习中,范数惩罚是一种常用的正则化方法,它通过在模型的损失函数中添加范数项来对模型参数进行约束,从而达到防止过拟合、提高泛化能力的目的。L_1 范数和 L_2 范数是常见的范数惩罚方法,也称 L_1 正则化和 L_2 正则化。

5.1.1　L_1 正则化

假设要拟合一组二次函数分布的数据,但事先并不知道其真实的分布。可以先从一次函数进行尝试,然后是二次函数、三次函数等,最后从中选出效果最好的一个,便是最佳的拟合函数。以上方法步骤烦琐且效率低下,可以进行一些改进来提升算法的效率。n 次多项式包含前 $n-1$ 次多项式,那么在尝试 $n-1$ 次多项式时,只需要将 n 次项系数设置为 0 就可以。有了这种想法,多项式函数的模型选择就变成了高次多项式系数的限制问题,从高次多项式函数一直到二次多项式函数的尝试,其实就是在限制多项式系数的个数。九次多项式可以表示为

$$f(x) = w_0 x^0 + w_1 x^1 + w_2 x^2 + \cdots + w_8 x^8 + w_9 x^9 \tag{5-1}$$

如果只保留前三阶多项式,则

$$f(x) = w_0 x^0 + w_1 x^1 + w_2 x^2 + \cdots + 0 \cdot x^8 + 0 \cdot x^9 \tag{5-2}$$

简单来说，就是高阶项的系数为 0。由于函数拟合问题可以被视为最小化某个误差函数 $L(w)$ 的优化问题，因此式（5-2）可用约束条件表示为

$$\begin{cases} \min L(w) \\ \text{s.t.} \ \ w_3 = w_4 = \cdots = w_9 = 0 \end{cases} \tag{5-3}$$

上述方法将拟合函数的高次项系数限制为 0，其实就是为了防止函数过拟合。但该方法在神经网络的优化中并不适用，因为神经网络动辄拥有上百万乃至上亿个参数，在实际中是无法指定哪些参数为 0 的。因此，还需要对上述方法进行简化，具体思路是只限制神经网络参数为 0 的个数，而不具体限制哪些参数为 0，这种方法称为 L_0 范数惩罚，表示为

$$\begin{cases} \min L(w) \\ \text{s.t.} \ \ \sum_{i=1}^{n} I\{w_i \neq 0\} \leqslant c \end{cases} \tag{5-4}$$

其中，n 表示神经网络参数的个数；$I\{w_i \neq 0\}$ 表示参数不为 0 的个数。式（5-4）的目标是将某些系数完全变为 0，从而防止网络过拟合。这种方法虽然具有很好的理论基础，但是由于 L_0 范数不可导且非凸，因此在实践中往往难以优化。不妨再放松一下限制，不要求将不为 0 的参数个数控制在 c 以内，但要求将参数绝对值的和控制在 c 以内，表示为

$$\begin{cases} \min L(w) \\ \text{s.t.} \ \ \sum_{i=1}^{n} |w_i| \leqslant c \end{cases} \tag{5-5}$$

这种对参数绝对值总和的限制称为 L_1 范数惩罚。虽然高次项系数可能不为 0，但如果出现式（5-6）中的情况，那么高次项也被忽略：

$$f(x) = w_0 x^0 + w_1 x^1 + w_2 x^2 + \cdots + 0.00001 x^8 + 0.00003 x^9 \tag{5-6}$$

加入 L_1 范数惩罚项的代价函数为

$$J(w) = L(w) + \lambda \|w\|_1 \tag{5-7}$$

其中，$L(w)$ 表示神经网络本身的代价函数；$\|w\|_1$ 表示 L_1 范数惩罚项，也称 L_1 正则项；参数 λ 是一个超参数，用于控制对模型进行正则化的程度，较大的 λ 会导致更多的惩罚。

由于绝对值函数不可导，在计算式（5-7）代价函数的梯度时，可使用符号

函数进行近似，表示为

$$\frac{\partial J(w)}{\partial w_i} = \frac{\partial L(w)}{\partial w_i} + \lambda \cdot \text{sign}(w_i) \tag{5-8}$$

当使用 L_1 正则化时，大部分模型的参数会被压缩为 0，从而使模型变得更加稀疏。

5.1.2 L_2 正则化

L_1 正则化通过在代价函数中添加一个 L_1 范数的正则化项来实现。同理，也可以在代价函数中添加一个 L_2 范数项来进行权重衰减惩罚，这就是 L_2 正则化，表示为

$$J(w) = L(w) + \frac{\lambda}{2}\|w\|_2^2 \tag{5-9}$$

其中，$\|w\|_2$ 表示权重向量 w 的 L_2 范数，即所有权重的平方和再开方。在式（5-9）中，对 L_2 范数 $\|w\|_2$ 进行平方及对超参数 λ 添加系数 $\frac{1}{2}$ 是为了方便对 $J(w)$ 进行求导。

可以通过计算代价函数 $J(w)$ 对权重向量 w 的梯度来推导出 L_2 正则化如何实现对权重进行衰减，公式为

$$\nabla J(w) = \nabla L(w) + \lambda w \tag{5-10}$$

式中，$\nabla L(w)$ 表示神经网络原有代价函数 $L(w)$ 关于权重向量 w 的梯度；λw 表示正则化项关于权重向量 w 的梯度。

权重向量 w 更新的公式为

$$\begin{aligned} w_{n+1} &= w_n - \eta \cdot \nabla J(w_n) \\ &= w_n - \eta \cdot (\nabla L(w_n) + \lambda w_n) \\ &= (1-\eta\lambda)w_n - \eta \cdot \nabla L(w_n) \end{aligned} \tag{5-11}$$

当不使用 L_2 正则化，即 $\lambda=0$ 时，w_n 前的系数为 0；当使用 L_2 正则化时，w_n 前的系数为 $1-\eta\lambda$，由于 η 和 λ 都大于 0，因此 $1-\eta\lambda<1$。可见，L_2 正则化会使权重减小，从而实现权重衰减的效果。

具体来说，L_2 正则化对权重的影响体现在正则化项的梯度 λw 上，它与权重向量 w 成正比，可以使权重朝着更小的值的方向更新，从而实现对权重进行衰减的效果。当权重较大时，正则化项的梯度也会相应较大，使整个梯度向量更偏

向 $-w$ 的方向，从而使权重逐渐减小；当权重较小时，正则化项的梯度也会相应较小，使整个梯度向量更偏向代价函数的梯度方向，从而使权重继续按照代价函数的梯度进行更新。因此，L_2 正则化可以实现对权重进行衰减的效果，从而缓解过拟合问题。

5.2 数据集增强与噪声注入

5.2.1 数据集增强

深度学习模型的训练实际上就是正确地调整模型参数使损失函数最小化，以便将输入映射到特定的输出。如图 5-1 所示，结构复杂的神经网络往往拥有数以百万计的参数，这就需要使用足够多的训练数据对网络进行训练，以提高网络的泛化能力，减少过拟合的风险。然而，在实际应用中，获取足够多的训练数据并非易事。为了解决这一问题，可人为生成一些合理的虚假数据，并将其添加到训练集中，这就是数据集增强（Data Augmentation）。

模型	VGGNet	Deep Video	GNMT
用途	识别图像类别	识别视频类别	翻译
输入	图像	视频	英语文本
输出	1000个类别	47个类别	英语文本
参数量/百万个	140	约140	380
数据量	1.2MB指定类别的图像	1.1MB指定类别的视频	6MB句子，340MB单词
数据集	ILSVRC-2012	Sports-1M	WMT'14

图 5-1 神经网络参数示例

数据集增强技术旨在通过对原始训练数据进行变换和扩充来增加数据的多样性，可以应用于各种深度学习任务，如图像分类、目标检测和语音识别等。例如，对图像分类任务而言，部分平移、缩放和旋转操作并不会改变图像中物体的语义表达。因此，可以利用这些操作生成新的训练数据，以提升模型的泛化能力。图 5-2 是对宠物狗原图的数据增强效果示例。

数据集增强有多种方式，其中包括使用生成对抗网络进行数据增强。在医学图像处理中，使用生成对抗网络可以解决数据稀缺等问题，帮助人们了解数据分布的性质和潜在结构。同样，在行人重识别领域也有一些工作使用生成对抗网络来增加角度、光照和服装变化的行人类别。此外，还有神经风格迁移技术，能捕捉图像的纹理、气氛和外观，并与其他内容混合在一起生成新的数据。

翻折　　　　　　　　旋转　　　　　　　　缩放变形

原图　　　　　　裁剪　　　　　　仿射变换　　　　粗粒度丢弃

图 5-2　数据增强效果示例

在使用数据集增强时，需要注意以下几点。

（1）数据增强应该适用于特定的任务和数据集，避免引入不相关或无意义的变换。

（2）进行数据增强时，要确保不破坏数据的真实性和标签的准确性。

（3）需要选择合理的变换参数，太小的变换参数可能无法带来足够的多样性，太大的变换参数则可能导致过度扭曲的数据。

5.2.2　噪声注入

噪声注入（Noise Injection）是深度学习模型训练中的一项正则化技术，它通过有意地向输入数据或模型参数添加噪声来减轻模型对训练数据的过度拟合，帮助模型更好地适应现实场景中的各种噪声和不确定性，提升其在复杂真实世界中的数据上的表现能力。

下面介绍 3 种常用的噪声注入方法。

5.2.2.1　输入噪声注入

输入噪声注入是一种在训练过程中向输入数据添加随机噪声的方法，也是一种数据集增强方法。通过引入输入噪声，可以增加数据的多样性，使模型更好地适应真实世界的变化和不确定性。高斯噪声注入是常见的一种输入噪声注入方法，该方法随机生成服从高斯分布的噪声，并将其加到输入数据中，可以表示为

$$x' = x + \varepsilon \tag{5-12}$$

• 95 •

其中，x 是原始输入数据；ε 是从高斯分布中采样得到的噪声；x' 是添加了噪声的输入。

5.2.2.2　权重噪声注入

权重噪声注入是一种在神经网络训练过程中对模型的权重进行随机扰动的方法。通过在每次参数更新时添加随机噪声，可以提升模型的鲁棒性和泛化能力。常见的权重噪声注入方法是对网络的权重参数进行高斯扰动，可表示为

$$w' = w + \varepsilon \tag{5-13}$$

其中，w 是原始的权重参数；ε 是从高斯分布中采样得到的噪声；w' 是添加了噪声的权重参数。

5.2.2.3　输出噪声注入

输出噪声注入，又称标签噪声注入，是一种在训练数据中有意地引入错误的或不准确的标签的方法，其目的在于模拟真实世界中标签数据的不完全可靠性，如人工标注错误或主观判断差异所导致的标签错误。通过混合正确标签和错误标签，迫使模型从噪声中提取有用的统计信息，增强其对噪声的容忍性，从而使模型学到更加鲁棒的特征和模式。

简单的输出噪声注入方法包括随机翻转标签或以一定的概率替换正确标签为错误标签等，较为复杂的输出噪声注入方法是标签平滑（Label Smoothing）。该方法通过将原始的离散标签分布转换为更平滑的概率分布，降低模型对单个标签的过度自信和拟合。

具体来说，在传统的 one-hot 编码标签（硬标签）表示中，某个样本的真实标签对应的位置值为 1，其余位置值为 0，即

$$y = [0, \cdots, 0, 1, 0, \cdots, 0]^{\mathrm{T}} \tag{5-14}$$

而在标签平滑中，该样本的平滑标签分布会对真实标签的概率进行减小，并将减小的概率均匀地分配给其他类别，即

$$y' = \left[\frac{\varepsilon}{K-1}, \cdots, \frac{\varepsilon}{K-1}, 1-\varepsilon, \frac{\varepsilon}{K-1}, \cdots, \frac{\varepsilon}{K-1} \right]^{\mathrm{T}} \tag{5-15}$$

其中，y' 是平滑后的标签（软标签）；ε 是平滑参数；K 是类别的数量。

上述标签平滑方法给其他 $K-1$ 个类别赋以相同的概率 $\dfrac{\varepsilon}{K-1}$，没有考虑标签之间的概率差异性，更复杂的做法是按照类别的相关性来给其他标签赋以不同的概率。

5.3　提前停止

提前停止（Early Stopping）是神经网络训练过程中的一种简单而有效的正则化方法。它通过监控验证集上的性能指标来判断是否停止训练，以防止过拟合，提高模型的泛化能力。

具体而言，训练神经网络时，通常将数据集分为训练集和验证集。如图 5-3 所示，训练集的损失和验证集的损失在前几轮（Epoch，或称周期）的训练中逐渐减少，但是当训练到某轮后，训练集的损失继续减少，验证集的损失开始小幅增加。此时如果继续训练，不但会浪费时间和计算资源，还会导致模型在训练集上过拟合，从而降低模型的泛化能力。因此，当观察到验证集的性能不再改善时，就提前停止训练，并保存当前的模型参数作为最终的训练结果，这样可以避免不必要的资源消耗，同时保持模型良好的泛化性能。

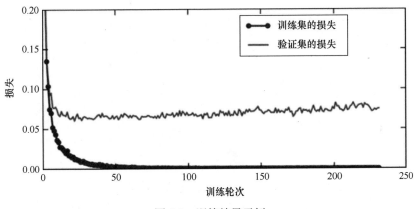

图 5-3　训练结果示例

然而，在实际中，验证集损失的变化并不一定是单调的，很有可能是先升高再降低。因此，提前停止的具体标准需要根据实际任务来制定。例如，可以设置一个监控窗口，如果在连续的几个训练周期中验证集上的损失没有改善或持续增加，那么可以认为模型已经达到了最佳性能，就可以提前停止训练。

5.4　Dropout

复杂的任务通常需要更深度的神经网络，以便捕捉到数据中更丰富、更抽象的特征。然而，深度神经网络在训练过程中容易出现过拟合问题。一种避免过拟合的方法是在训练深度神经网络时随机丢弃一部分神经元，以降低网络的复杂性并减少过拟合风险，这种正则化方法称为丢弃法（Dropout）。如图 5-4 所示，Dropout 在训练过程中，每次迭代都会随机地丢弃一部分神经元，这样就创建了一个不同的子网络，每个子网络都可被视为原始网络的一个采样版本，不同的子网络共享原始网络的参数。在测试阶段，通常会保留所有的神经元，但将它们的权重按照训练时的概率进行缩放，从而使每个神经元的贡献保持一致。因此，可以将 Dropout 看作一种集成学习方法，因为它在训练过程中创建了多个不同的子网络，并在测试阶段将它们结合起来以形成最终的预测结果，从而提高了模型的鲁棒性和泛化能力。

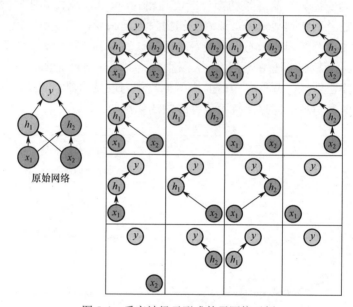

图 5-4　丢弃神经元形成的子网络示例

下面以图 5-5 所示的三层神经网络来解释 Dropout 的工作原理。

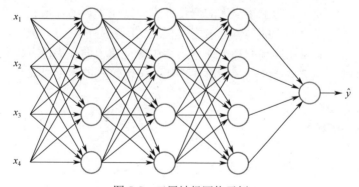

图 5-5　三层神经网络示例

Dropout 的工作原理如下。

（1）训练阶段。①定义一个概率 p，该概率表示在每个训练迭代中保留神经元的概率。p 的值通常设为 0.5，意味着每个神经元有 50%的概率被保留或丢弃。②在每次训练迭代中，根据概率 p 随机地将每个神经元设置为丢弃或保留状态。③在保留的神经元上进行正常的前向传播和反向传播，并更新网络参数，被丢弃的神经元不参与前向传播和反向传播。④重复上述步骤直到完成所有的训练迭代。对于图 5-5 所示的三层神经网络，丢弃神经元后的网络模型如图 5-6 所示。

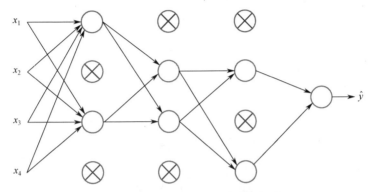

图 5-6　丢弃神经元后的网络模型示例

（2）测试阶段。①不再随机删除神经元，而是将所有神经元保留下来；②由于测试阶段和训练阶段网络激活的神经元数量不一致，这会造成训练和测试时网络的输出也不一致，为了保持预测结果的一致性，需要对每个神经元的输出乘以概率 p。

在实际应用中，对于不同的网络层，Dropout 实现的方式不同。对于全连接层，可以对每个神经元以概率 p 进行丢弃操作，通常将 Dropout 应用在隐藏层，而不是输入层和输出层。对于卷积层，可以对卷积核中的每个通道应用 Dropout，也可以对每个卷积层的输出特征图应用 Dropout。对于循环层，可以对时间步上的隐藏状态或输出状态应用 Dropout。

5.5　批归一化

在神经网络训练过程中，网络每层的输入分布都会随着参数的更新而发生变化，前一层的参数更新会导致当前层的输入分布发生变化，这种现象叫作内部协变量偏移（Internal Covariate Shift）。内部协变量偏移可能造成网络难以收敛或训练时间增加。为了缓解这个问题，可以采取归一化操作，保持神经网络每层输入分布的稳定性。其中最常用的方法是批归一化（Batch Normalization, BN），它可以在神经网络任意的中间层进行归一化操作，能有效地缓解内部协变量偏移的影响，提升网络的训练效果与速度。

对于一个深度神经网络，设第 l 层的输入为 $a^{(l-1)}$，输出为 $a^{(l)}$，则

$$a^{(l)} = f(w^{(l)} \cdot a^{(l-1)} + b^{(l)}) \tag{5-16}$$

其中，$w^{(l)}$ 和 $b^{(l)}$ 是 l 层的参数；$f(\cdot)$ 是 l 层的激活函数；$w^{(l)} \cdot a^{(l-1)} + b^{(l)}$ 又称 l 层的净输入，通常记作 $z^{(l)}$。

给定一个小批量的输入 $(x_1, x_2, \cdots, x_m)$，其对应的第 l 层的净输入记作 $(z_1^{(l)}, z_2^{(l)}, \cdots, z_m^{(l)})$，则批归一化的具体过程如下。

首先，计算批次内净输入每一维特征的均值和方差，如式（5-17）和式（5-18）所示：

$$\mu_j^{(l)} = \frac{1}{m} \sum_{i=1}^{m} z_{i,j}^{(l)} \tag{5-17}$$

$$\text{var}_j^{(l)} = \frac{1}{m} \sum_{i=1}^{m} (z_{i,j}^{(l)} - \mu_j^{(l)}) \tag{5-18}$$

其中，$z_{i,j}^{(l)}$ 表示 x_i 对应的 l 层的净输入 $z_i^{(l)}$ 的第 j 维特征。

然后，对净输入的每个特征进行标准化操作：

$$\hat{z}_{i,j}^{(l)} = \frac{z_{i,j}^{(l)} - \mu_j^{(l)}}{\sqrt{\text{var}_j^{(l)} + \varepsilon}} \tag{5-19}$$

其中，ε 是一个非常小的正数，用于避免除以 0 的情况发生。

通过上述操作，净输入 $z^{(l)}$ 每一维的特征都将归一化为标准正态分布，如图 5-7 所示。图中的曲线是均值为 0、方差为 1 的标准正态分布。

从图 5-7 可以看出，$z^{(l)}$ 的值落在[-1,1]范围内（一个标准差范围内）的概率是 68%；$z^{(l)}$ 的值落在[-2,2]范围内（两个标准差范围内）的概率是 95%。当使用 Sigmoid 函数作为激活函数时（见图 5-8），将净输入 $z^{(l)}$ 归一化为标准正态分布可以有效避免梯度消失问题。因为 Sigmoid 函数在其两端饱和，导致梯度接近 0，这可能导致训练过程中出现梯度消失问题。通过对净输入进行归一化，可以将其取值控制在较小的范围内，减少饱和现象，从而缓解梯度消失问题。

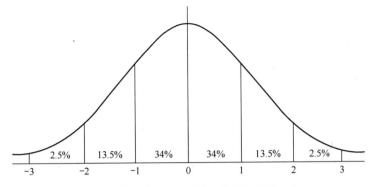

图 5-7　均值为 0、方差为 1 的标准正态分布

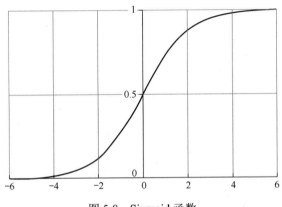

图 5-8　Sigmoid 函数

　　然而，当使用 Sigmoid 函数作为激活函数，并将净输入 $z^{(l)}$ 归一化为标准正态分布时，也会存在一些负面影响。这是因为经过标准归一化后，净输入 $z^{(l)}$ 的取值会集中在 0 附近，这个取值区间刚好是 Sigmoid 函数接近线性变换的区域，从而削弱了神经网络的表达能力。为了避免归一化对神经网络表示能力的不利影响，可以对标准归一化后的值进行适当的缩放和平移，使净输入在 Sigmoid 函数的动态范围内更好地分布：

$$\hat{z}_{i,j}^{(l)} = \gamma_j^{(l)} \cdot \tilde{z}_{i,j}^{(l)} + \beta_j^{(l)} \tag{5-20}$$

式中，γ_j 和 β_j 分别是每个特征 j 对应的缩放因子和偏移量，它们通过训练过程中的反向传播学习得到。

　　需要注意的是，批归一化在训练和推断时的计算方式略有不同。在训练过程中，批量均值和方差是根据当前的小批量数据计算得出的；而在推断过程中，通常使用全局统计量（在整个训练集上计算得到）作为批量均值和方差的估计。

　　在实践中，批归一化被证明为一种出色的正则化方法。可以将它看作对每个隐藏层的激活值施加约束，限制其取值在一个较小的范围内，这类似传统的正则化方法（如 L_1 或 L_2 正则化）。同时，批归一化对同一批次的输入进行统一化处理，使神经网络在训练时不会过拟合到某个特定的样本，从而提高网络的泛化能力。需要注意的是，批归一化不仅具有正则化的作用，还具有加快模型收敛速度、允许使用更大的学习率、提升网络鲁棒性等作用，这些作用使批归一化成为训练深度神经网络时的常用技术。

本章小结

在深度学习中，正则化是一种关键技术，用于减少过拟合并提高模型的泛化能力。本章主要介绍了一些常用的正则化方法，包括范数惩罚、数据集增强与噪声注入、提前停止、Dropout 和批归一化。范数惩罚通过在损失函数中引入权重的范数作为正则化项，如 L_1 正则化和 L_2 正则化，从而约束模型参数的大小，促使模型更加简单和稀疏，避免过分拟合训练数据。数据集增强和噪声注入通过对训练数据进行随机变换、旋转、缩放等操作，或者向输入数据或模型参数中注入噪声，扩大了训练数据的多样性，有助于提高模型的泛化能力。提前停止是一种简单且有效的正则化方法，通过监测验证误差，在验证误差不再改善或开始上升时停止训练，避免过拟合。Dropout 是一种随机丢弃神经元的技术，通过在训练过程中以一定的概率将部分神经元置零，降低神经网络的复杂度，从而减少过拟合。批归一化通过在每个小批量上对输入进行归一化处理来减少内部协变量偏移，加速训练过程，提高模型的稳定性和泛化能力。这些正则化方法在深度学习中都得到了广泛应用，并且相互结合可以取得更好的效果。选择适合具体问题和模型的正则化方法，并根据实际情况进行调整和优化，是构建鲁棒、泛化的深度学习模型的重要步骤。

第6章

卷积神经网络

卷积神经网络（Convolutional Neural Network，CNN）是目前最流行的深度神经网络之一，广泛应用于经济社会的各个领域，尤其是在目标检测、目标识别、图像分割等图形图像处理相关任务中都取得了显著效果。本章对 CNN 的发展历程、CNN 的基本组成、常见的 CNN 结构、深度生成网络及 CNN 在计算机视觉领域的具体应用案例进行了详细介绍。在案例介绍过程中，本章基于 PyTorch 对关键代码进行示例解析。

6.1 卷积神经网络的发展历程

通常认为 CNN 是一种应用卷积操作的神经网络架构，并非特指某个具体的网络模型，其发展起源可以追溯到人类对生物自然视觉认知机制的研究。研究发现，神经-中枢-大脑的工作过程是一个不断迭代、不断抽象的过程，从原始信号的低级抽象向高级抽象不断迭代。1943 年，神经生物学家沃伦·麦卡洛克与数学家沃尔特·皮茨合作，提出了第一个人工神经网络模型，并在此基础上抽象出了神经元的数学模型，即 MP 模型。在 MP 模型中，神经元的激活值如果超过阈值则表现为兴奋，否则表现为抑制。1958 年，弗兰克·罗森布拉特在 MP 模型的基础上增加了学习机制并提出了感知器模型。但经进一步研究发现，简单的线性感知器功能有限，无法解决异或等线性不可分问题。同时，感知器模型还存在参数过多过拟合的问题，以及理论上无法保证全局最优等问题。这一系列研究难题使人工神经网络进入缓慢发展期。

1982 年，约翰·霍普费尔德的 Hopfield 网络模型的提出为人工神经网络的构造与学习提供了新的理论基础，人工神经网络的研究进入蓬勃发展期。1998 年，杨立昆（Yann LeCun）提出 LeNet 模型并将其成功应用于手写体识别，引起了学术界对 CNN 的广泛关注。此后，CNN 在语音识别、目标检测、人脸识别等方面的研究逐渐展开。2012 年，亚历克斯·克里泽夫斯基提出的 AlexNet 通过将卷积运算映射到多个 GPU，实现了更深层的网络结构训练，并获得了当年的 ImageNet 图像分类竞赛冠军。AlexNet 的成功证明了 CNN 的有效性，CNN 中典型的卷积层、池化层、全连接层等运算逻辑逐渐成为计算机视觉领域的通用标准。

CNN 广泛应用于计算机视觉领域的图像分类、图像分割、目标检测与识别、目标跟踪等任务中。在图像分类任务中，CNN 主要用于提取图像数据的特征，将特征与图像的标签进行关联，是计算机视觉的基础任务。在图像分割任务中，CNN 根据不同的标准将图像细分为多个子区域，为开展图像中目标对象的检测与跟踪提供基础。图像分类在整个图像层面进行类别标签关联，而图像分割在像素层面判断每个像素点的类别，进而实现更加细粒度的子区域划分。在目标检测与识别任务中，首先按一定的规则在图像上生成一系列候选区域，然后通过提取图像特征来标记候选区域的位置和类别。目标检测偏重确定目标的位置和大小，目标识别偏重确定目标的类别，但检测和识别经常一起开展。在目标跟踪领域，主要基于 CNN 来动态分析视频或图像序列，以实现对目标对象的连续跟踪标识。

6.2　卷积神经网络的基本组成

CNN 通常包括 3 种类型的神经网络层：输入层、隐藏层和输出层。输入层接收外部输入数据，隐藏层进行具体的计算，输出层将结果输出。输入层和输出层的结构相对简单，根据输入数据和输出结果的形式即可确定。隐藏层的结构较为复杂，通常可进一步分为卷积层、池化层、全连接层等。在某些更深层的 CNN 中可能进一步添加其他模块，如在 ResNet、GoogLeNet 等网络中包含 Inception 块、残差块等。图 6-1 给出了一个典型的 CNN 结构，包含两个卷积层、两个池化层、一个全连接层和一个输出层。

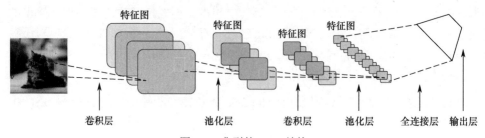

图 6-1　典型的 CNN 结构

6.2.1　卷积层

卷积层（Convolutional Layer）是 CNN 的核心层，卷积操作是卷积层的核心操作。卷积层在输入数据上应用卷积核来提取特征，如通过卷积操作可以逐渐提取出从低级到高级的图像特征。CNN 的卷积层通常包含若干卷积核和特征图。卷积核是卷积层中的参数，通常是一个矩阵，在卷积操作中与输入数据逐元素相乘，并将乘积相加以产生输出特征图。特征图是卷积层的输出结果，其数量取决于先前卷积核的数量，其尺寸取决于输入数据的尺寸、卷积核的大小、卷积步长等参数。卷积核的大小可以指定为小于输入图像尺寸的任意值，卷积核尺寸越大，可提取的输入特征越复杂。在实际计算中，卷积核的大小通常设置为 3×3、5×5 或 7×7。卷积步长定义了卷积核相邻两次扫过特征图时位置之间的距离。当卷积步长为 1 时，卷积核的计算窗口会以单位 1 的步长进行滑动计算；当步长为 n 时，会在下一次扫描时跳过 $n-1$ 个像素后再进行计算。以二维图像计算为例，其卷积操作就是将二维滤波器滑动到二维图像上的所有位置，并在每个位置上与该像素点及其邻域像素点做内积，具体过程如图 6-2 所示。

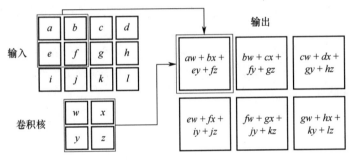

图 6-2　卷积计算过程

在此过程中，2×2 的卷积核以卷积步长 1 对 3×4 的图像输入块矩阵进行卷积操作。此时，卷积的计算就转化为 2×2 的卷积核在输入图像中进行逐步内积，直到从左上角到右下角的像素点遍历完成为止。具体计算为

$$\begin{cases} \begin{bmatrix} a,b \\ e,f \end{bmatrix} \times \begin{bmatrix} w,x \\ y,z \end{bmatrix} = aw+bx+ey+fz \\ \qquad\qquad\cdots \\ \begin{bmatrix} g,h \\ k,l \end{bmatrix} \times \begin{bmatrix} w,x \\ y,z \end{bmatrix} = gw+hx+ky+lz \end{cases} \tag{6-1}$$

对特征的提取和合并不局限于二维对象，对三维对象的卷积操作原理与二维

对象相似。当输入为多维图像（或多通道特征图）时，卷积核在三维输入特征图上滑动，形状可以表示为（window_height, window_width, input_depth）。然后每个三维特征图与同一个卷积核做张量积，转换成形状为（output_depth）的一维向量。最后对所有这些向量进行空间重组，使其转换成形状为（height, width, output_depth）的三维输出特征图。输出特征图中的每个空间位置都对应输入特征图中的相同位置（如输出的右下角包含输入的右下角的信息），计算过程如图 6-3 所示。

图 6-3　三维卷积的计算过程

在处理图像这类高维度输入时，每个神经元只与输入数据的一个局部区域连接。该连接的空间大小叫作神经元的感受野（Receptive Field）。在上面的例子中可以看到，当前网络层特征图中的每个位置都是由上层特征图固定区域的特征值与卷积核计算的结果。因此，感受野反映了卷积网络每层输出的特征图上的每个位置在上一层特征图上映射的区域大小。但是，假如在一个卷积核中每个感受野采用的都是不同的权重值，那么这样的网络中的参数数量将是巨大的。针对此问题的一个解决思路是在卷积层中进行权值共享，以控制参数的数量，降低计算和内存需求，同时保持网络的特征提取能力。

权值共享基于一个假设：如果一个特征在计算某个空间位置 (x_1, y_1) 的时候有用，那么它在计算另一个的位置 (x_2, y_2) 的时候也有用。换言之，就是将深度维度上一个单独的二维切片看作深度切片。例如，一个数据集的尺寸为 $55 \times 55 \times 96$，有 96 个深度切片，每个深度切片的尺寸为 55×55，其中在每个深度切片上的结果都使用同样的权重和偏差获得。在这样的参数共享下，假如第一个卷积层有 96 个卷积核，那么就有 96 个不同的权重集，一个权重集对应一个深度切片，如果卷积核的大小是 11×11，图像是 RGB3 通道的，那么就共有 $96 \times 11 \times 11 \times 3 = 34848$ 个不同的权重，再加上 96 个偏差项，总共有 34944 个参数。在反向传播时，计算每个神经元对它的权重的梯度，然后把同一个深度切片上的所有神经元对权重的梯度进行累加，这样就得到了对共享权重的梯度。

6.2.2　池化层

池化层（Pooling Layer）通常紧跟在卷积层之后，通过池化操作缩小输入特征图的空间尺寸，并提取出特征的位置不变性。常见的池化操作包括最大池化

（Max Pooling）和平均池化（Average Pooling）。最大池化将输入特征图划分为不重叠的小区域（池化窗口），然后在每个池化窗口内选取最大值作为输出值。最大池化操作的效果是保留最强的特征，从而缩小特征图的尺寸并提升特征的鲁棒性。平均池化的操作与最大池化类似，但它是将池化窗口内元素的平均值作为输出值。平均池化的效果是在保留特征的同时，缩小特征图的尺寸。图 6-4 是一个池化示例，展示了对同一个 4×4 的图像输入块分别采用最大池化和平均池化操作后的计算结果。

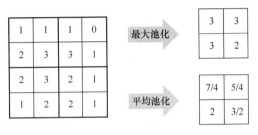

图 6-4　池化示例

以一个最大池化层的特征输入输出为例，假设选取最大池化滤波器的大小是 2×2，输入图像在经过每个最大池化 2D 层之后，特征图的尺寸都会减半。例如，在第一个最大池化 2D 层之前，特征图的尺寸是 26×26，最大池化运算将其减半为 13×13。通过对特征图进行池化，能有效缩小网络计算的规模。反言之，随着网络层的增加，在不采用池化操作的情况下，所构建的网络参数规模会成倍增加。下述代码构造了一个简单的三层卷积网络，在该网络中未设置最大池化层，其参数规模达到 55744 个。

```
model_no_max_pool = models.Sequential()
model_no_max_pool.add(layers.Conv2D(32, (3, 3), activation='relu',
input_shape=(28, 28, 1)))
model_no_max_pool.add(layers.Conv2D(64, (3, 3), activation=
'relu'))
model_no_max_pool.add(layers.Conv2D(64, (3, 3), activation=
'relu'))
>>> model_no_max_pool.summary()
Layer (type) Output Shape Param #
conv2d_4 (Conv2D) (None, 26, 26, 32) 320
conv2d_5 (Conv2D) (None, 24, 24, 64) 18496
conv2d_6 (Conv2D) (None, 22, 22, 64) 36928
Total params: 55,744
Trainable params: 55,744
Non-trainable params: 0
```

在神经网络的输出层中，一般采用全连接层和分类层。对上述例子而言，特征图在经过大小为 3×3 的卷积层后，最后一层的特征图对每个样本共有 $22\times22\times64=30\,976$ 个元素。如果将其展平并在上面添加一个大小为 512 的全连接层，那该层将有 1 580 万个参数。对小模型来说，参数数量过多会导致严重的过拟合。而采用池化操作，一方面可以减少需要处理的特征图的元素个数，另一方面通过让连续卷积层的观察窗口越来越大，使模型可以抽取更广范围的特征。

6.2.3 全连接层

全连接层（Fully Connected Layers，FC）通常出现在 CNN 的最后几层，用于将卷积层或池化层提取的特征映射转换为最终的输出或分类结果，在整个 CNN 中起到分类器的作用。卷积层和池化层的作用是将原始数据映射到隐藏层特征空间，全连接层则是将学到的特征表示映射到样本标记空间。如图 6-5 所示，在 MNIST 手写数字识别中，前面的卷积和池化相当于构建特征工程，后面的全连接相当于特征加权。全连接的本质是单纯的线性变换，其核心计算原理是 $y=W\times x$。其中，y 是输出，W 是参数，x 是输入。为了提升 CNN 的性能，需要引入 Sigmoid、Tanh、ReLU 等激活函数来提升网络的非线性。

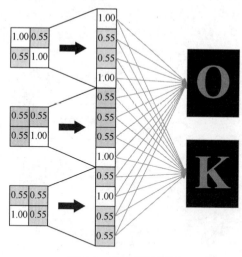

图 6-5　全连接层示例

6.3　常见卷积神经网络结构

CNN 的基本组成大同小异，但在实际应用过程中常见的 CNN 结构特点各异。CNN 结构处在不断演进之中，新的结构不断出现，现有的结构也会根据任务需求的变化进行优化改进。本节对常见的 VGG、GoogLeNet、ResNet 等网络的结构进行简要介绍，可为分析其他网络结构提供参考借鉴。

6.3.1　VGG 网络

VGG 网络是 CNN 的代表性网络之一，由英国牛津大学的视觉几何组（Visual Geometry Group）于 2014 年提出。VGG 网络被广泛应用于计算机视觉任务中，在 ImageNet 图像分类竞赛中达到了 92.7%的 Top-5 准确率。VGG 网络使用多个具有小尺寸卷积核（通常为 3×3）的卷积层堆叠来替代较大尺寸卷积核的设计。这种设计策略使网络能够更深，同时参数数量更少。VGG 网络根据深度的不同分为不同的版本，最常见的是 VGG11、VGG13、VGG16、VGG19等，对应的结构如图 6-6 所示。

ConvNet Configuration					
A	A-LRN	B	C	D	E
11 weight layers	11 weight layers	13 weight layers	16 weight layers	16 weight layers	19 weight layers
input (224×224 RGB image)					
conv3-64	conv3-64	conv3-64	conv3-64	conv3-64	conv3-64
	LRN	**conv3-64**	conv3-64	conv3-64	conv3-64
max pool					
conv3-128	conv3-128	conv3-128	conv3-128	conv3-128	conv3-128
		conv3-128	conv3-128	conv3-128	conv3-128
max pool					
conv3-256	conv3-256	conv3-256	conv3-256	conv3-256	conv3-256
conv3-256	conv3-256	conv3-256	conv3-256	conv3-256	conv3-256
			conv1-256	**conv3-256**	conv3-256
					conv3-256
max pool					
conv3-512	conv3-512	conv3-512	conv3-512	conv3-512	conv3-512
conv3-512	conv3-512	conv3-512	conv3-512	conv3-512	conv3-512
			conv1-512	**conv3-512**	conv3-512
					conv3-512
max pool					
conv3-512	conv3-512	conv3-512	conv3-512	conv3-512	conv3-512
conv3-512	conv3-512	conv3-512	conv3-512	conv3-512	conv3-512
			conv1-512	**conv3-512**	conv3-512
					conv3-512
max pool					
FC-4 096					
FC-4 096					
FC-1 000					
soft max					

图 6-6　常见的 VGG 网络结构

由图 6-6 可知，VGG 网络的默认输入是尺寸为 224 像素×224 像素的 RGB图像。卷积层使用非常小的 3×3 卷积核。通过简单的计算可知，两个 3×3 卷积核与一个 5×5 卷积核的感受野是相同的，3 个 3×3 卷积核和一个 7×7 卷积核的感受野是相同的。但是，在感受野相同的前提下，使用多个小卷积核代替大卷积核能够有效降低模型的复杂度，提高模型训练的效率。卷积步长固定为 1 个像素，以便在卷积后保留空间分辨率。在全连接层设计中，VGG 网络有 3 个全连接层：前两个层各有 4096 个通道，第三个层有 1000 个通道，对应目标分类任务中的每个类。另外，VGG 网络的所有隐藏层都使用了 ReLU 函数来缩短训练时间。在 VGG 网络中并没有使用局部响应归一化，因为局部响应归一化会增加内存消耗和训练时间，而准确度并没有显著增加。

下面基于 PyTorch 代码复现 VGG 网络的构建过程。图 6-6 中列出的 6 种基本的网络结构需要定义一个可调用的结构参数，以实现网络模型的深度动态调整。该结构参数定义为变量 cfg，用于进行 VGG 模型的选择。与 VGG11、VGG13、VGG16、VGG19 相关的变量 cfg 分别定义如下。

```
cfg = {
        'VGG11': [64, 'M', 128, 'M', 256, 256, 'M', 512, 512,
'M', 512, 512, 'M'],
        'VGG13': [64, 64, 'M', 128, 128, 'M', 256, 256, 'M',
512, 512, 'M', 512, 512, 'M'],
        'VGG16': [64, 64, 'M', 128, 128, 'M', 256, 256, 256,
'M', 512, 512, 512, 'M', 512, 512, 512, 'M'],
        'VGG19': [64, 64, 'M', 128, 128, 'M', 256, 256, 256,
256, 'M', 512, 512, 512, 512, 'M', 512, 512, 512, 512, 'M'],
    }
```

PyTorch 对卷积、池化、激活等函数进行了封装，因此可以直接调用函数并进行参数赋值，且在构建网络时只需按照其网络结构的定义对所有函数进行特征输入输出上的拼接即可。下面的代码中给出了完整的 VGG 类的描述，包括卷积层、全连接层等的定义。代码中的 self.features 为所定义的 VGG 卷积层，它在 make_layers 中按照 cfg 中的卷积层参数进行卷积层的组合，每层由一个 2 维的 Conv2d 卷积、标准化及 ReLU 激活函数组成。当读取到 cfg 中的参数为"M"时，接入最大池化层。self.classifier 中定义了全连接层。在 forword 函数中进行网络结构顺序的组合和数据的输入，最后经由 self.classifier 输出分类结果。具体代码如下。

```
class VGG(nn.Module):
    def __init__(self, vgg_name):
        super(VGG, self).__init__()
        self.features = self._make_layers(cfg[vgg_name])
        # self.classifier = nn.Linear(512, 10)
        self.classifier = nn.Sequential( # 从全连接到分类的结构层
函数的一个顺序容器
            nn.Linear(512, 4096),  # 第一个全连接层，输入为[512],
输出大小为[4096],bias 默认为 True
            nn.ReLU(True),  # ReLU 激活函数
            nn.Dropout(),  # Dropout 函数
```

```
                nn.Linear(4096, 4096),
                nn.ReLU(True),
                nn.Dropout(),
                # 最后一层不需要添加激活函数
                nn.Linear(4096, 10),  # 最后一层为全连接层，输出为
num_size，即类别的个数
            )
        def forward(self, x): # x为输入的图片张量
            out = self.features(x) #卷积层顺序容器，输入 x,输出经过所有
卷积层后的特征层
            out = out.view(out.size(0), -1)
            out = self.classifier(out)
            return out

        def _make_layers(self, cfg):
            layers = []
            in_channels = 3
            for x in cfg:
                if x == 'M':
                    layers += [nn.MaxPool2d(kernel_size=2, stride=2)]
                else:
                    layers += [nn.Conv2d(in_channels, x, kernel_
size=3, padding=1),
                               nn.BatchNorm2d(x),
                               nn.ReLU(inplace=True)]
                    in_channels = x
            layers += [nn.AvgPool2d(kernel_size=1, stride=1)]
            return nn.Sequential(*layers)
```

在 VGG 网络的构造过程中有一个很重要的函数——make_layers()，它用于真正生成所有卷积块，将每层所要的网络或激活函数归一化存在一个数组中。它的输入是来自 cfg 中的网络层数，返回值是一个以 layers 列表表示的网络序列。首先，第一层网络的初始通道数为 3，输出通道数为 cfg 中的第一个网络参数。然后，通过判断函数来选择是否需要添加池化层。根据 cfg 中的参数"M"判断是否加入池化层，如果为"M"，则接入池化层 nn.MaxPool2d，使特征图的宽和高均缩为原来的 1/2，否则继续接入卷积层。在卷积操作后还加入批标准化操作 BatchNorm2d 和激活函数 ReLU（两者均在 nn 包下）。因此，一个完整的卷积块包含 3 个部分：Conv2d、BatchNorm2d、ReLU（三者均在 nn 包下），之后接入平均池化层 nn.AvgPool2d，最后返回卷积部分的顺序列表 nn.Sequential。

6.3.2　GoogLeNet 网络

GoogLeNet 是谷歌公司提出的一种 CNN 结构，并在 2014 年的 ImageNet 图像分类竞赛中获得了第一名。相比 VGG 网络，GoogLeNet 网络采用了更深层次

的网络结构。同时，为了避免梯度消失问题，GoogLeNet 网络在不同深度处增加了两个 Loss 模块。在结构设计方面，GoogLeNet 网络采用 Inception 结构。目前，Inception 结构有 3 个版本，分别是 Inception V1、Inception V2 和 Inception V3。下面以 Inception V1 为例展开介绍，其网络结构如图 6-7 所示。

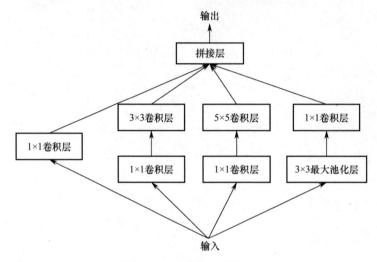

图 6-7　Inception V1 网络结构

Inception V1 的网络结构包含 4 个分支，分支 1 为一个单独的 1×1 卷积层，分支 2 为在 1×1 卷积层后接一个 3×3 卷积层，分支 3 为在 1×1 卷积层后接一个 5×5 卷积层，分支 4 为在 3×3 最大池化层后接一个 1×1 卷积层。每层都经过 ReLU 激活函数。下面是 Inception V1 的 PyTorch 实现代码。其中，4 个分支的构建分别在 self.branch1、self.branch2、self.branch3、self.branch4 中；BasicConv2d 由一个卷积层和一个 ReLU 激活函数组成；forward 函数用于将 4 个分支输出的特征拼接到返回值 torch.cat(outputs, 1)。

```
class Inception(nn.Module):
    def __init__(self, in_channels, ch1x1, ch3x3red, ch3x3,
ch5x5red, ch5x5, pool_proj):
        super(Inception, self).__init__()
        self.branch1 = BasicConv2d(in_channels, ch1x1, kernel_
size=1)
        self.branch2 = nn.Sequential(BasicConv2d(in_channels,
ch3x3red, kernel_size=1),BasicConv2d(ch3x3red, ch3x3, kernel_size=3,
padding=1) )   # 保证输出大小等于输入大小
        self.branch3 = nn.Sequential(BasicConv2d(in_channels,
ch5x5red, kernel_size=1), BasicConv2d(ch5x5red, ch5x5, kernel_size=5,
padding=2))   # 保证输出大小等于输入大小
        self.branch4 = nn.Sequential(nn.MaxPool2d(kernel_size=3,
```

```
stride=1, padding=1), BasicConv2d(in_channels, pool_proj, kernel_ size=1))

        def forward(self, x):
            branch1 = self.branch1(x)
            branch2 = self.branch2(x)
            branch3 = self.branch3(x)
            branch4 = self.branch4(x)

            outputs = [branch1, branch2, branch3, branch4]
            return torch.cat(outputs, 1)
    class BasicConv2d(nn.Module):
        def __init__(self, in_channels, out_channels, **kwargs):
            super(BasicConv2d, self).__init__()
            self.conv = nn.Conv2d(in_channels, out_channels, **kwargs)
            self.relu = nn.ReLU(inplace=True)
        def forward(self, x):
            x = self.conv(x)
            x = self.relu(x)
            return x
```

基于 Inception V1 的 GoogLeNet 网络结构如图 6-8 所示，网络参数如图 6-9 所示。

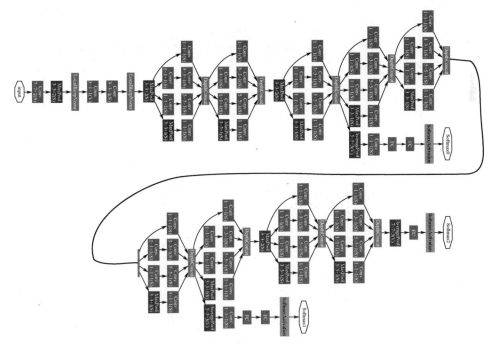

图 6-8　基于 Inception V1 的 GoogLeNet 网络结构

type	patch size/ stride	output size	depth	#1×1	#3×3 reduce	#3×3	#5×5 reduce	#5×5	pool proj	params	ops
convolution	7×7/2	112×112×64	1							2.7K	34M
max pool	3×3/2	56×56×64	0								
convolution	3×3/1	56×56×192	2		64	192				112K	360M
max pool	3×3/2	28×28×192	0								
inception (3a)		28×28×256	2	64	96	128	16	32	32	159K	128M
inception (3b)		28×28×480	2	128	128	192	32	96	64	380K	304M
max pool	3×3/2	14×14×480	0								
inception (4a)		14×14×512	2	192	96	208	16	48	64	364K	73M
inception (4b)		14×14×512	2	160	112	224	24	64	64	437K	88M
inception (4c)		14×14×512	2	128	128	256	24	64	64	463K	100M
inception (4d)		14×14×528	2	112	144	288	32	64	64	580K	119M
inception (4e)		14×14×832	2	256	160	320	32	128	128	840K	170M
max pool	3×3/2	7×7×832	0								
inception (5a)		7×7×832	2	256	160	320	32	128	128	1 072K	54M
inception (5b)		7×7×1 024	2	384	192	384	48	128	128	1 388K	71M
avg pool	7×7/1	1×1×1 024	0								
dropout (40%)		1×1×1 024	0								
linear		1×1×1 000	1							1 000K	M
softmax		1×1×1 000	0								

图 6-9 基于 Inception V1 的 GoogLeNet 网络参数配置

GoogLeNet 在网络中增加了两个 Loss 模块来避免由于深度过深而导致的梯度消失问题，函数代码设计如下。

```python
class InceptionAux(nn.Module):
    def __init__(self, in_channels, num_classes):
        super(InceptionAux, self).__init__()
        self.averagePool = nn.AvgPool2d(kernel_size=5, stride=3)
        self.conv = BasicConv2d(in_channels, 128, kernel_ size=1)
# output[batch, 128, 4, 4]

        self.fc1 - nn.Linear(2048, 1024)
        self.fc2 = nn.Linear(1024, num_classes)

    def forward(self, x):
        # aux1: N x 512 x 14 x 14, aux2: N x 528 x 14 x 14
        x = self.averagePool(x)
        # aux1: N x 512 x 4 x 4, aux2: N x 528 x 4 x 4
        x = self.conv(x)
        # N x 128 x 4 x 4
        x = torch.flatten(x, 1)
        x = F.dropout(x, 0.5, training=self.training)
        # N x 2048
        x = F.relu(self.fc1(x), inplace=True)
        x = F.dropout(x, 0.5, training=self.training)
        # N x 1024
        x = self.fc2(x)
        # N x num_classes
        return x
```

构建 GoogLeNet 函数类。首先在 init 模块中对各个子结构进行参数定义，然后利用 forward 函数进行模块化结构的拼接，实现输入与输出数据的大小匹配，最后返回总体损失和两个辅助分类器的损失。

```python
class GoogLeNet(nn.Module):
    def __init__(self, num_classes=1000, aux_logits=True, init_
weights=False):
        super(GoogLeNet, self).__init__()
        self.aux_logits = aux_logits

        self.conv1 = BasicConv2d(3, 64, kernel_size=7, stride=2,
padding=3)
        self.maxpool1 = nn.MaxPool2d(3, stride=2, ceil_mode= True)

        self.conv2 = BasicConv2d(64, 64, kernel_size=1)
        self.conv3 = BasicConv2d(64, 192, kernel_size=3,
padding=1)
        self.maxpool2 = nn.MaxPool2d(3, stride=2, ceil_mode= True)

        self.inception3a = Inception(192, 64, 96, 128, 16, 32, 32)
        self.inception3b = Inception(256, 128, 128, 192, 32,
96, 64)
        self.maxpool3 = nn.MaxPool2d(3, stride=2, ceil_mode= True)

        self.inception4a = Inception(480, 192, 96, 208, 16,
48, 64)
        self.inception4b = Inception(512, 160, 112, 224, 24,
64, 64)
        self.inception4c = Inception(512, 128, 128, 256, 24,
64, 64)
        self.inception4d = Inception(512, 112, 144, 288, 32,
64, 64)
        self.inception4e = Inception(528, 256, 160, 320, 32,
128, 128)
        self.maxpool4 = nn.MaxPool2d(3, stride=2, ceil_mode=
True)

        self.inception5a = Inception(832, 256, 160, 320, 32,
128, 128)
        self.inception5b = Inception(832, 384, 192, 384, 48,
128, 128)
```

```
        if self.aux_logits:
            self.aux1 = InceptionAux(512, num_classes)
            self.aux2 = InceptionAux(528, num_classes)

        self.avgpool = nn.AdaptiveAvgPool2d((1, 1))
        self.dropout = nn.Dropout(0.4)
        self.fc = nn.Linear(1024, num_classes)
        if init_weights:
            self._initialize_weights()

    def forward(self, x):
        # N x 3 x 224 x 224
        x = self.conv1(x)
        # N x 64 x 112 x 112
        x = self.maxpool1(x)
        # N x 64 x 56 x 56
        x = self.conv2(x)
        # N x 64 x 56 x 56
        x = self.conv3(x)
        # N x 192 x 56 x 56
        x = self.maxpool2(x)

        # N x 192 x 28 x 28
        x = self.inception3a(x)
        # N x 256 x 28 x 28
        x = self.inception3b(x)
        # N x 480 x 28 x 28
        x = self.maxpool3(x)
        # N x 480 x 14 x 14
        x = self.inception4a(x)
        # N x 512 x 14 x 14
        if self.training and self.aux_logits:    #评估当前层的模
型损失

            aux1 = self.aux1(x)

        x = self.inception4b(x)
        # N x 512 x 14 x 14
        x = self.inception4c(x)
        # N x 512 x 14 x 14
        x = self.inception4d(x)
        # N x 528 x 14 x 14
        if self.training and self.aux_logits:    #评估当前层的模
```

型损失

```
              aux2 = self.aux2(x)

        x = self.inception4e(x)
        # N x 832 x 14 x 14
        x = self.maxpool4(x)
        # N x 832 x 7 x 7
        x = self.inception5a(x)
        # N x 832 x 7 x 7
        x = self.inception5b(x)
        # N x 1024 x 7 x 7

        x = self.avgpool(x)
        # N x 1024 x 1 x 1
        x = torch.flatten(x, 1)
        # N x 1024
        x = self.dropout(x)
        x = self.fc(x)
        # N x 1000 (num_classes)
        if self.training and self.aux_logits:    # 评估当前层的模
型损失
            return x, aux2, aux1
        return x
```

6.3.3　ResNet 网络

　　VGG 网络、GoogLeNet 网络等深度 CNN 的成功实践表明，神经网络深度的增加能够有效提高模型的精度，但简单堆叠带来的模型收益随着网络层数的增加而逐渐减少。为此，深度残差网络（Deep Residual Network，ResNet）中设计了易于修改和扩展的网络结构，通过调整卷积块（Block）内的通道数量和堆叠的卷积块数量，调整网络的宽度和深度，得到不同表达能力的网络。在训练数据足够的前提下，可以通过逐步加深网络来获得更好的性能。

　　ResNet 网络共有 5 种不同深度的结构，深度分别为 18、34、50、101、152。图 6-10 列出了它们的参数。每种结构的 ResNet 网络都包含 4 层（layer），每层都由若干卷积块搭建而成。根据卷积块的类型不同，可以将 ResNet 网络分为如下两类。

　　（1）基于 BasicBlock 的网络，当通道数一致时，其残差模块如图 6-11（a）所示。输入特征经过两个通道数相同的 3×3 的卷积计算后与 shortcut 分支的特征进行累加。当输入通道数与输出通道数不一致时，通过加入一个 1×1 的卷积来调整 shortcut 分支的通道维度以匹配直线分支的特征，如图 6-11（b）所示。
浅层网络 ResNet 18 和 ResNet 34 都由 BasicBlock 搭建。

layer name	output size	18-layer	34-layer	50-layer	101-layer	152-layer
conv1	112×112	7×7, 64, stride 2				
conv2_x	56×56	3×3, maxpool, stride 2				
conv2_x	56×56	$\begin{bmatrix} 3\times3,\ 64 \\ 3\times3,\ 64 \end{bmatrix}\times2$	$\begin{bmatrix} 3\times3,\ 64 \\ 3\times3,\ 64 \end{bmatrix}\times3$	$\begin{bmatrix} 1\times1,\ 64 \\ 3\times3,\ 64 \\ 1\times1,\ 256 \end{bmatrix}\times3$	$\begin{bmatrix} 1\times1,\ 64 \\ 3\times3,\ 64 \\ 1\times1,\ 256 \end{bmatrix}\times3$	$\begin{bmatrix} 1\times1,\ 64 \\ 3\times3,\ 64 \\ 1\times1,\ 256 \end{bmatrix}\times3$
conv3_x	28×28	$\begin{bmatrix} 3\times3,\ 128 \\ 3\times3,\ 128 \end{bmatrix}\times2$	$\begin{bmatrix} 3\times3,\ 128 \\ 3\times3,\ 128 \end{bmatrix}\times4$	$\begin{bmatrix} 1\times1,\ 128 \\ 3\times3,\ 128 \\ 1\times1,\ 512 \end{bmatrix}\times4$	$\begin{bmatrix} 1\times1,\ 128 \\ 3\times3,\ 128 \\ 1\times1,\ 512 \end{bmatrix}\times4$	$\begin{bmatrix} 1\times1,\ 128 \\ 3\times3,\ 128 \\ 1\times1,\ 512 \end{bmatrix}\times8$
conv4_x	14×14	$\begin{bmatrix} 3\times3,\ 256 \\ 3\times3,\ 256 \end{bmatrix}\times2$	$\begin{bmatrix} 3\times3,\ 256 \\ 3\times3,\ 256 \end{bmatrix}\times6$	$\begin{bmatrix} 1\times1,\ 256 \\ 3\times3,\ 256 \\ 1\times1,\ 1\,024 \end{bmatrix}\times6$	$\begin{bmatrix} 1\times1,\ 256 \\ 3\times3,\ 256 \\ 1\times1,\ 1\,024 \end{bmatrix}\times23$	$\begin{bmatrix} 1\times1,\ 256 \\ 3\times3,\ 256 \\ 1\times1,\ 1\,024 \end{bmatrix}\times36$
conv5_x	7×7	$\begin{bmatrix} 3\times3,\ 512 \\ 3\times3,\ 512 \end{bmatrix}\times2$	$\begin{bmatrix} 3\times3,\ 512 \\ 3\times3,\ 512 \end{bmatrix}\times3$	$\begin{bmatrix} 1\times1,\ 512 \\ 3\times3,\ 512 \\ 1\times1,\ 2\,048 \end{bmatrix}\times3$	$\begin{bmatrix} 1\times1,\ 512 \\ 3\times3,\ 512 \\ 1\times1,\ 2\,048 \end{bmatrix}\times3$	$\begin{bmatrix} 1\times1,\ 512 \\ 3\times3,\ 512 \\ 1\times1,\ 2\,048 \end{bmatrix}\times3$
	1×1	averagepool, 1 000-d fc, softmax				
FLOPs		1.8×10^9	3.6×10^9	3.8×10^9	7.6×10^9	11.3×10^9

图 6-10　5 种不同深度 ResNet 网络的参数

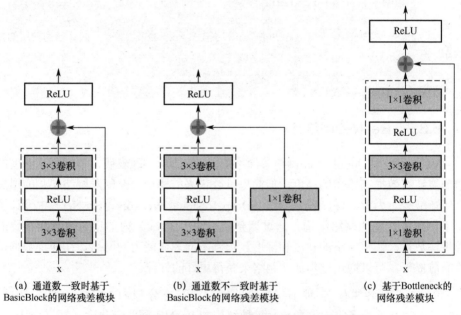

（a）通道数一致时基于
BasicBlock 的网络残差模块

（b）通道数不一致时基于
BasicBlock 的网络残差模块

（c）基于 Bottleneck 的
网络残差模块

图 6-11　基于 BasicBlock 与 Bottleneck 的网络残差模块

（2）基于 Bottleneck 的网络，其残差模块如图 6-11（c）所示。Bottleneck 与
BasicBlock 的区别在于其采用了 2 个 1×1 的卷积和一个 3×3 的卷积。例如，当
前输入通道数为 256，1×1 卷积层将通道数降至 64，经过 3×3 卷积层后再经过
1×1 卷积层，将通道数提升为 256。1×1 卷积层的优势是在更深的网络中用较

小的参数量处理通道数很大的输入。深层网络 ResNet 50、ResNet 101、ResNet 152 乃至更深的网络都由 Bottleneck 搭建。

下面给出定义 BasicBlock 类的代码，其中 self.conv1 函数和 self.conv2 函数表示 kernel_size=3 的卷积，两种 shortcut 分支的方式也在程序中通过设置有无 kernel_size=1 的卷积来实现，最后在 forward 函数中定义网络正向传播的顺序结构。

```python
class BasicBlock(nn.Module):
    expansion = 1

    def __init__(self, in_planes, planes, stride=1):
        super(BasicBlock, self).__init__()
        self.conv1 = nn.Conv2d(
            in_planes, planes, kernel_size=3, stride=stride,
padding=1, bias=False)
        self.bn1 = nn.BatchNorm2d(planes)
        self.conv2 = nn.Conv2d(planes, planes, kernel_size=3,
                    stride=1, padding=1, bias=False)
        self.bn2 = nn.BatchNorm2d(planes)

        self.shortcut = nn.Sequential()
        if stride != 1 or in_planes != self.expansion*planes:
            self.shortcut = nn.Sequential(
                nn.Conv2d(in_planes, self.expansion*planes,
                    kernel_size=1, stride=stride, bias=False),
                nn.BatchNorm2d(self.expansion*planes)
            )

    def forward(self, x):
        out = F.relu(self.bn1(self.conv1(x)))
        out = self.bn2(self.conv2(out))
        out += self.shortcut(x)
        out = F.relu(out)
        return out
```

下面以 ResNet 50 为例具体介绍 Bottleneck 类和完整的 ResNet 网络。在构造 ResNet 网络时需重点关注 Bottleneck 类，因为 ResNet 是由 Residual 结构组成的，而 Bottleneck 类直接用于完成 Residual 结构的构建。Bottleneck 类继承了 torch.nn.Module 类，且重写了 __init__ 和 forward 方法。从 forward 方法可以看出，Bottleneck 涉及 3 个主要的卷积层及残差层的求和运算。输入特征在经过

(1*1,64,stride=1)、(3*3,64,stride=1,padding=1)、(1*1,256,stride=1)后得到的输出特征与原始输入经过 shortcut 的卷积输出相结合，最后输入激活层函数进行计算。代码如下。

```
class Bottleneck(nn.Module):
    expansion = 4

    def __init__(self, in_planes, planes, stride=1):
        super(Bottleneck, self).__init__()
        self.conv1 = nn.Conv2d(in_planes, planes, kernel_
size=1, bias=False)
        self.bn1 = nn.BatchNorm2d(planes)
        self.conv2 = nn.Conv2d(planes, planes, kernel_size=3,
                    stride=stride, padding=1, bias=False)
        self.bn2 = nn.BatchNorm2d(planes)
        self.conv3 = nn.Conv2d(planes, self.expansion *
                    planes, kernel_size=1, bias=False)
        self.bn3 = nn.BatchNorm2d(self.expansion*planes)

        self.shortcut = nn.Sequential()
        if stride != 1 or in_planes != self.expansion*planes:
            self.shortcut = nn.Sequential(
                nn.Conv2d(in_planes, self.expansion*planes,
                    kernel_size=1, stride=stride, bias=False),
                nn.BatchNorm2d(self.expansion*planes)
            )

    def forward(self, x):
        out = F.relu(self.bn1(self.conv1(x)))
        out = F.relu(self.bn2(self.conv2(out)))
        out = self.bn3(self.conv3(out))
        out += self.shortcut(x)
        out = F.relu(out)
        return out
```

ResNet 网络的构建主要通过 ResNet 类进行。ResNet 类继承了 PyTorch 中网络的基类 torch.nn.Module，重写了初始化__init__和 forward 方法。在初始化__init__中主要定义了一些层参数。在 forward 方法中主要定义了数据在层之间的流动顺序，即层的连接顺序。另外，通过类中私有方法的定义对一些操作进行了模块化，如使用_make_layer 方法构建 ResNet 网络中的 4 个卷积块。代码如下。

```
class ResNet(nn.Module):
    def __init__(self, block, num_blocks, num_classes=10):
        super(ResNet, self).__init__()
        self.in_planes = 64

        self.conv1 = nn.Conv2d(3, 64, kernel_size=3,
                            stride=1, padding=1, bias=False)
        self.bn1 = nn.BatchNorm2d(64)
        self.layer1 = self._make_layer(block, 64, num_blocks[0],
stride=1)
        self.layer2 = self._make_layer(block, 128, num_blocks[1],
stride=2)
        self.layer3 = self._make_layer(block, 256, num_blocks[2],
stride=2)
        self.layer4 = self._make_layer(block, 512, num_blocks[3],
stride=2)

        self.linear = nn.Linear(512*block.expansion, num_classes)

    def _make_layer(self, block, planes, num_blocks, stride):
        strides = [stride] + [1]*(num_blocks-1)
        layers = []
        for stride in strides:
            layers.append(block(self.in_planes, planes, stride))
            self.in_planes = planes * block.expansion
        return nn.Sequential(*layers)

    def forward(self, x):
        out = F.relu(self.bn1(self.conv1(x)))
        out = self.layer1(out)
        out = self.layer2(out)
        out = self.layer3(out)
        out = self.layer4(out)
        out = F.avg_pool2d(out, 4)
        out = out.view(out.size(0), -1)
        out = self.linear(out)
        return out
```

　　最后通过调用 ResNet 函数来构建不同的网络结构，在不同的网络命名函数中进行实例化以便直接调用。ResNet 函数参数中的 BasicBlock 是之前构造的基础残差单元。ResNet 函数通过_make_layer 函数实现网络的堆叠，即在 ResNet 网络结构的构建中有很多重复的子结构，这些子结构通过 Bottleneck 类的重复调用和不同参数的传递来实现。代码如下。

```
def ResNet18():
    return ResNet(BasicBlock, [2, 2, 2, 2])

def ResNet34():
    return ResNet(BasicBlock, [3, 4, 6, 3])

def ResNet50():
    return ResNet(Bottleneck, [3, 4, 6, 3])

def ResNet101():
    return ResNet(Bottleneck, [3, 4, 23, 3])

def ResNet152():
    return ResNet(Bottleneck, [3, 8, 36, 3])
```

6.4 深度生成网络

6.4.1 生成对抗网络

传统神经网络任务大多属于监督学习，依赖大量的带标记样本进行模型训练与测试，模型从带标记的训练样本中学习知识并将其用于未知样本的预测。例如，基于监督学习的图片分类器需要基于一系列图片和对应的类别标签来训练模型，并应用训练好的模型对新的图片进行类别预测。与之相对应的是无监督学习，其在没有或只有少量标记样本的情况下进行学习，从错误的行为中不断学习，最终提升模型的性能。

生成对抗网络（Generative Adversarial Networks，GAN）是一种结合了监督学习和无监督学习的生成式模型，由生成器（Generator）和判别器（Discriminator）组成。生成器的目标是学习生成与真实样本相似的"假"样本，企图以假乱真，欺骗判别器；而判别器接收生成器生成的"假"样本和真实的样本作为输入，其目标是尽可能准确地区分真实样本和"假"样本，即识别真伪。图 6-12 为 GAN 工作过程示例。

GAN 在训练过程中，生成器不断地使自己生成的"假"样本更接近真样本以便欺骗判别器，而判别器也不断提高自己的识别能力，以更准确地识别生成器生成的"假"样本。"假"样本的生成与检测过程迭代对抗进行。当生成器和判别器都足够强大时，博弈对抗趋于平衡，即生成器生成的"假"样本和原始训练样本足够相似，判别器无法辨识真伪，即判别器以 50%左右的置信度判别样本是真或假。

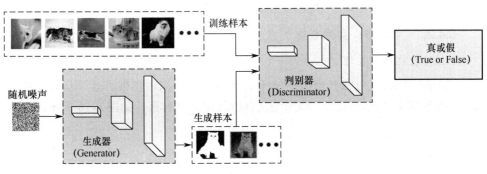

图 6-12　GAN 工作过程示例

6.4.2　深度卷积生成对抗网络

深度卷积生成对抗网络（Deep Convolutional Generative Adversarial Networks，DCGAN）在 GAN 的基础上进行了扩展，将 CNN 与 GAN 相结合，用于无监督学习。在 DCGAN 中，生成器和判别器的特征提取层用 CNN 代替了原始 GAN 中的多层感知机。经各类图像数据训练表明，DCGAN 的生成器和判别器能够学到更多层级的表示特征，并且能把学到的特征用于新的任务中。DCGAN 的生成器和判别器的网络结构如图 6-13 所示。

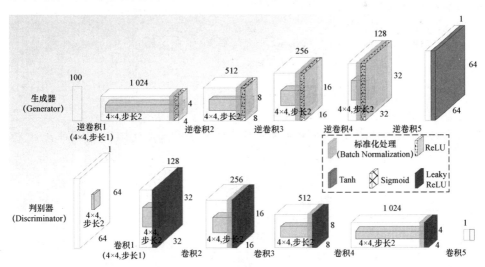

图 6-13　DCGAN 的生成器和判别器的网络结构

下面通过虚拟人脸生成实验来说明 DCGAN 的工作原理。在实验中，首先利用构建的 DCGAN 模型在 Large-scale CelebFaces Attributes（CelebA）数据集上训练人脸的生成器和判别器，最后用训练好的生成器来实现虚拟人脸的生成任务。具体过程如下。

6.4.2.1 步骤 1：实验准备

1. 实验数据预处理

CelebA 数据集可在其官方网站下载，下载后在原项目根目录下新建文件夹 data，再新建文件夹 celebA，将压缩文件解压至此文件夹，如图 6-14 所示。

图 6-14 CelebA 数据集文件夹

2. 设置 root 参数为建立的 celebA 路径

在 celebA_data_preprocess.py 中，读取下载完成的 CelebA 数据集，再修改每张图片的尺寸大小，将图片重新设置为 64×64 的输入大小，最后另存到 data/resized_celebA/目录中。处理过程代码如下。

```
import os
import matplotlib.pyplot as plt
from scipy.misc import imresize

# 具体路径根据项目实际位置确定
root = 'data/celebA/'
save_root = 'data/resized_celebA/'
resize_size = 64

if not os.path.isdir(save_root):
    os.mkdir(save_root)
if not os.path.isdir(save_root + 'celebA'):
    os.mkdir(save_root + 'celebA')
img_list = os.listdir(root)

for i in range(len(img_list)):
    img = plt.imread(root + img_list[i])
```

```
          img = imresize(img, (resize_size, resize_size))
          plt.imsave(fname=save_root  +  'celebA/'  +  img_list[i],
arr=img)


       if (i % 1000) == 0:
          print('%d images complete' % i)
```

在图片处理过程中，每处理 10000 张图片输出一次处理结果，便于观察数据处理的进度，处理过程如图 6-15 所示。

图 6-15　图片处理过程

处理的数据文件夹如图 6-16 所示。

图 6-16　处理后的数据文件夹

6.4.2.2　步骤 2：定义生成器与判别器

DCGAN 的生成器和判别器都使用了卷积层。判别器接收图像后首先使用卷积层和池化层对其进行下采样，然后使用全连接分类层将图像分类为真或假。生成器从潜在空间中获取随机噪声向量，再通过上采样机制生成图像。通过与VGG 网络类似的构建方式，得到生成器与判别器。

1．定义生成器

生成器将输入的初始化随机向量映射到真实样本空间。当输入数据为图片时，将输入向量转换为 3 像素×64 像素×64 像素的 RGB 图片。代码层面通过一系列二维转置卷积 ConvTranspose2D 函数将随机初始化向量还原成 64 像素×64 像素的图像。定义生成器的 generator 函数代码如下，其中 5 个参数分别为 in_channels、out_channels、kernel_size、stride、padding，选用的转置卷积的卷积核大小为 4×4，特征图的大小经过反卷积的变化为 8→16→32→64，每次转

置卷积后接入一个二维的 Batch Norm 层和一个 ReLU 激活层，具体参数在
self.deconv1、self.deconv1_bn 等变量中定义，所有网络层的堆叠在 forward 函数
中进行拼接，生成器的输出接入 Tanh 函数以满足输出范围为[−1,1]。

```
class Generator(nn.Module):
    #初始化
    def __init__(self, d=128):
        super(generator, self).__init__()
        self.deconv1 = nn.ConvTranspose2d(100, d*8, 4, 1, 0)
        self.deconv1_bn = nn.BatchNorm2d(d*8)
        self.deconv2 = nn.ConvTranspose2d(d*8, d*4, 4, 2, 1)
        self.deconv2_bn = nn.BatchNorm2d(d*4)
        self.deconv3 = nn.ConvTranspose2d(d*4, d*2, 4, 2, 1)
        self.deconv3_bn = nn.BatchNorm2d(d*2)
        self.deconv4 = nn.ConvTranspose2d(d*2, d, 4, 2, 1)
        self.deconv4_bn = nn.BatchNorm2d(d)
        self.deconv5 = nn.ConvTranspose2d(d, 3, 4, 2, 1)

    # 权重初始化
    def weight_init(self, mean, std):
        for m in self._modules:
            normal_init(self._modules[m], mean, std)

    # 前向传播
    def forward(self, input):
        x = F.relu(self.deconv1_bn(self.deconv1(input)))
        x = F.relu(self.deconv2_bn(self.deconv2(x)))
        x = F.relu(self.deconv3_bn(self.deconv3(x)))
        x = F.relu(self.deconv4_bn(self.deconv4(x)))
        x = F.tanh(self.deconv5(x))
        return x
```

2. 定义判别器

判别器是一个二元分类器，输出图片为真的概率，主要由 5 个卷积操作组
成。判别器的输入为 3 像素×3 像素×64 像素的图片，依次通过 3 个大小为 3×3
的卷积层、Batch Norm 层、Leaky ReLU 层，最后通过 Sigmoid 激活函数输出图
片为真的概率。根据具体的情况可改变判别器的具体结构，但是必须包括卷积
层、Batch Norm 层和 Leaky ReLU 层。相关的生成器定义代码如下。

```
class Discriminator(nn.Module):
    # 初始化
    def __init__(self, d=128):
```

```
super(discriminator, self).__init__()
self.conv1 = nn.Conv2d(3, d, 4, 2, 1)
self.conv2 = nn.Conv2d(d, d*2, 4, 2, 1)
self.conv2_bn = nn.BatchNorm2d(d*2)
self.conv3 = nn.Conv2d(d*2, d*4, 4, 2, 1)
self.conv3_bn = nn.BatchNorm2d(d*4)
self.conv4 = nn.Conv2d(d*4, d*8, 4, 2, 1)
self.conv4_bn = nn.BatchNorm2d(d*8)
self.conv5 = nn.Conv2d(d*8, 1, 4, 1, 0)

# 权重初始化
def weight_init(self, mean, std):
    for m in self._modules:
        normal_init(self._modules[m], mean, std)

# 前向传播
def forward(self, input):
    x = F.leaky_relu(self.conv1(input), 0.2)
    x = F.leaky_relu(self.conv2_bn(self.conv2(x)), 0.2)
    x = F.leaky_relu(self.conv3_bn(self.conv3(x)), 0.2)
    x = F.leaky_relu(self.conv4_bn(self.conv4(x)), 0.2)
    x = F.sigmoid(self.conv5(x))
    return x
```

6.4.2.3　步骤 3：主函数处理

1. 参数初始化

初始化随机向量（fixed_z_）、批处理数据大小（batch_size）、学习率（lr）、模型训练的迭代次数（train_epoch），以及图片的大小（img_size）和是否裁剪图片（isCrop）等。其中，fixed_z_ 从标准正态分布中采样，通过 torch.randn 函数生成。代码如下。

```
fixed_z_ = torch.randn((5 * 5, 100)).view(-1, 100, 1, 1)
fixed_z_ = Variable(fixed_z_.cuda(), volatile=True)
batch_size = 128
lr = 0.0002
train_epoch = 20
img_size = 64
isCrop = False
```

2. 数据预处理

首先通过 transforms.Compose 函数对数据进行预处理，具体操作包括数据格式的转换和数据的归一化。然后将处理好的数据加载到模型中，创建 Dataset 对象，调用 datasets.ImageFolder 返回训练数据与标签。接着创建 DataLoader 对象，将数据输入按照 batch_size 封装成张量，后续在循环训练中通过 for 循环将 train_loader 中的数据再包装成变量作为模型的输入。最后通过判别函数防止输入数据不符合要求，当输入的图像大小不是 64 像素×64 像素时进行提示。代码如下。

```
if isCrop:
    transform = transforms.Compose([
        transforms.Scale(108),
        transforms.ToTensor(),
        transforms.Normalize(mean=(0.5, 0.5, 0.5), std=(0.5,
0.5, 0.5))
    ])
else:
    transform = transforms.Compose([
        transforms.ToTensor(),
        transforms.Normalize(mean=(0.5, 0.5, 0.5), std=(0.5,
0.5, 0.5))
    ])
transform = transforms.Compose([
        transforms.ToTensor(),
        transforms.Normalize(mean=(0.5, 0.5, 0.5), std=(0.5,
0.5, 0.5))])
data_dir = 'data/resized_celebA'
dset = datasets.ImageFolder(data_dir, transform)
train_loader = torch.utils.data.DataLoader(dset, batch_size=
128, shuffle=True)
temp = plt.imread(train_loader.dataset.imgs[0][0])
if (temp.shape[0] != img_size) or (temp.shape[0] != img_size):
sys.stderr.write('Error! image size is not 64 × 64! run
\"celebA_data_preprocess.py\" !!!')
    sys.exit(1)
```

3. 构建判别器与生成器

分别实例化生成器和判别器，然后初始化生成器和判别器的网络参数，包括权重的初始化与偏置项的初始化。实际实现时通过调用生成器和判别器中的参数初始化函数 weight_init 进行参数初始化。代码如下。

```
G = generator(128)
D = discriminator(128)
G.weight_init(mean=0.0, std=0.02)
D.weight_init(mean=0.0, std=0.02)
G.cuda()
D.cuda()
```

4. 定义模型的损失函数和优化器

本节的实验模型为二分类模型，因此损失函数选用二进制交叉熵损失。选择常用的 Adam 优化器对参数进行初始化。代码如下。

```
# 二进制交叉熵损失
BCE_loss = nn.BCELoss()

# Adam 优化器
G_optimizer = optim.Adam(G.parameters(), lr=lr, betas=(0.5, 0.999))
D_optimizer = optim.Adam(D.parameters(), lr=lr, betas=(0.5, 0.999))
```

5. 训练前定义保存结果的路径，并构建损失值的保存列表，方便进行训练过程的可视化

代码如下。

```
if not os.path.isdir('CelebA_DCGAN_results'):
    os.mkdir('CelebA_DCGAN_results')
if not os.path.isdir('CelebA_DCGAN_results/Random_results'):
    os.mkdir('CelebA_DCGAN_results/Random_results')
if not os.path.isdir('CelebA_DCGAN_results/Fixed_results'):
    os.mkdir('CelebA_DCGAN_results/Fixed_results')

train_hist = {}
train_hist['D_losses'] = []
train_hist['G_losses'] = []
train_hist['per_epoch_ptimes'] = []
train_hist['total_ptime'] = []
```

6.4.2.4　步骤 4：开始训练

前述 3 个步骤完成了对 GAN 各个模块的定义，下一步进行模型训练。训练分为两个主要部分：更新判别器和更新生成器。

1. 更新判别器

训练判别器的目的是提高识别真假样本的准确率。在训练判别器的过程中，先从真样本中抽取一个 batch 的图片输入判别器以计算损失。然后在"假"样本中抽取一个 batch 的图片输入判别器并计算损失。最后把真假样本计算的损失累积求和，根据联合损失进行梯度的反向传播来实现参数更新。

2. 更新生成器

在训练生成器的过程中，首先使用判别器对生成器的生成样本进行判别，根

据判别结果计算损失。该损失反映当前生成器欺骗判别器的效果，损失越小说明生成的图片越真实。然后根据损失进行参数更新。最后在每轮迭代后做一次统计，通过展示生成器的生成结果的变化过程来观察生成器的训练过程。代码如下。

```python
print('Training start!')
start_time = time.time()
for epoch in range(train_epoch):
    D_losses = []
    G_losses = []
    # learning rate decay
    if (epoch+1) == 11:
        G_optimizer.param_groups[0]['lr'] /= 10
        D_optimizer.param_groups[0]['lr'] /= 10
        print("learning rate change!")
    if (epoch+1) == 16:
        G_optimizer.param_groups[0]['lr'] /= 10
        D_optimizer.param_groups[0]['lr'] /= 10
        print("learning rate change!")
    num_iter = 0
    epoch_start_time = time.time()
    for x_, _ in train_loader:
        # train discriminator D
        D.zero_grad()
        if isCrop:
            x_ = x_[:, :, 22:86, 22:86]
        mini_batch = x_.size()[0]
        y_real_ = torch.ones(mini_batch)
        y_fake_ = torch.zeros(mini_batch)
        # 更新判别器
        x_,y_real_,y_fake_ =Variable(x_.cuda()),Variable(y_real_.
cuda()), Variable(y_fake_.cuda())
        D_result = D(x_).squeeze()
        D_real_loss = BCE_loss(D_result, y_real_)
        z_ = torch.randn((mini_batch, 100)).view(-1, 100, 1, 1)
        z_ = Variable(z_.cuda())
        G_result = G(z_)
        D_result = D(G_result).squeeze()
        D_fake_loss = BCE_loss(D_result, y_fake_)
        D_fake_score = D_result.data.mean()
        D_train_loss = D_real_loss + D_fake_loss
```

```
        D_train_loss.backward()
        D_optimizer.step()
        D_losses.append(D_train_loss.item())
        # 更新生成器 G
        G.zero_grad()
        z_ = torch.randn((mini_batch, 100)).view(-1, 100, 1, 1)
        z_ = Variable(z_.cuda())
        G_result = G(z_)
        D_result = D(G_result).squeeze()
        G_train_loss = BCE_loss(D_result, y_real_)
        G_train_loss.backward()
        G_optimizer.step()
        G_losses.append(G_train_loss.item())
        num_iter += 1
    epoch_end_time = time.time()
    per_epoch_ptime = epoch_end_time - epoch_start_time
    print('[%d/%d] - ptime: %.2f, loss_d: %.3f, loss_g: %.3f'
% ((epoch + 1), train_epoch, per_epoch_ptime,torch.mean(torch.FloatTensor
(D_losses)),torch.mean(torch.FloatTensor(G_losses))))
    p = 'CelebA_DCGAN_results/Random_results/CelebA_DCGAN_' +
str(epoch + 1) + '.png'
    fixed_p = 'CelebA_DCGAN_results/Fixed_results/CelebA_DCGAN_' +
str(epoch + 1) + '.png'
    show_result((epoch+1), save=True, path=p, isFix=False)
    show_result((epoch+1), save=True, path=fixed_p, isFix=True)
    train_hist['D_losses'].append(torch.mean(torch.FloatTensor
(D_losses)))
    train_hist['G_losses'].append(torch.mean(torch.FloatTensor
(G_losses)))
    train_hist['per_epoch_ptimes'].append(per_epoch_ptime)
```

6.4.2.5 步骤 5：保存模型与结果

1. 生成图像可视化

定义可视化函数 show_result，通过调用训练好的生成器，将潜在向量映射到数据空间，经过一系列的卷积之后，形成一张分辨率为 64 像素×64 像素×3 像素的图像。代码如下。

```
    def show_result(num_epoch, show = False, save = False, path =
'result.png', isFix=False):
        z_ = torch.randn((5*5, 100)).view(-1, 100, 1, 1)
        z_ = Variable(z_.cuda(), volatile=True)
```

```
        G.eval()
        if isFix:
            test_images = G(fixed_z_)
        else:
            test_images = G(z_)
        G.train()
        size_figure_grid = 5
        fig, ax = plt.subplots(size_figure_grid, size_figure_grid,
figsize=(5, 5))
        for i, j in itertools.product(range(size_figure_grid),
range(size_figure_grid)):
            ax[i, j].get_xaxis().set_visible(False)
            ax[i, j].get_yaxis().set_visible(False)
        for k in range(5*5):
            i = k // 5
            j = k % 5
            ax[i, j].cla()
            ax[i,    j].imshow((test_images[k].cpu().data.numpy().
transpose(1, 2, 0) + 1) / 2)
        label = 'Epoch {0}'.format(num_epoch)
        fig.text(0.5, 0.04, label, ha='center')
        plt.savefig(path)
        if show:
            plt.show()
        else:
            plt.close()
```

2. 训练损失可视化

为方便观察模型的训练过程，通过定义 show_train_hist 函数对损失的变化过程进行可视化。在 matplotlite.pyplt 中调用 xlabel、ylabel、legend 等来设置可视化图像中相应的标签，进一步区别生成器的训练损失和判别器的训练损失。代码如下。

```
    def show_train_hist(hist, show = False, save = False, path =
'Train_hist.png'):
        x = range(len(hist['D_losses']))
        y1 = hist['D_losses']
        y2 = hist['G_losses']
        plt.plot(x, y1, label='D_loss')
        plt.plot(x, y2, label='G_loss')
        plt.xlabel('Iter')
```

```
        plt.ylabel('Loss')
        plt.legend(loc=4)
        plt.grid(True)
        plt.tight_layout()
        if save:
            plt.savefig(path)
        if show:
            plt.show()
        else:
            plt.close()
```

3. 对生成的图片进行动态保存与展示

在当前训练参数的基础上进行参数调优，对生成器的实验结果进行存储，生成的虚拟人脸如图 6-17 所示。代码如下。

```
        end_time = time.time()
        total_ptime = end_time - start_time
        train_hist['total_ptime'].append(total_ptime)

        print("Avg per epoch ptime: %.2f, total  %d epochs ptime:
%.2f" % (torch.mean(torch.FloatTensor(train_hist['per_epoch_ptimes'])),
train_epoch, total_ptime))
        print("Training finish!... save training results")
        torch.save(G.state_dict(),
"CelebA_DCGAN_results/generator_param.pkl")
        torch.save(D.state_dict(),
"CelebA_DCGAN_results/discriminator_param.pkl")
        with open('CelebA_DCGAN_results/train_hist.pkl', 'wb') as f:
            pickle.dump(train_hist, f)
        show_train_hist(train_hist,save=True,
path='CelebA_DCGAN_results/CelebA_DCGAN_train_hist.png')

        images = []
        for e in range(train_epoch):
            img_name  =  'CelebA_DCGAN_results/Fixed_results/CelebA_
DCGAN_' + str(e + 1) + '.png'
            images.append(imageio.imread(img_name))
        imageio.mimsave('CelebA_DCGAN_results/generation_animation.
gif', images, fps=5)
```

图 6-17 虚拟人脸生成结果示例

6.5 图像分类案例

在 2012 年举办的 ImageNet 图像分类竞赛中，AlexNet 网络结构（2012 年提出）将 Top-5 错误率降至 16.4%，远远领先第二名的 26.2%，从而证明了 CNN 在图像分类任务中的有效性。AlexNet 网络结构如图 6-18 所示。

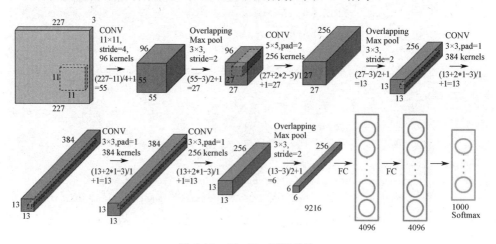

图 6-18 AlexNet 网络结构

本节介绍如何利用 AlexNet 模型训练猫狗分类器。实验数据包含训练集和测试集两部分，训练集包含图片的标签信息，测试集不包含图片的标签信息。测试输出的结果包含图片的 ID 和预测的对应图片标签（1 表示狗，0 表示猫）。项目文件存放路径示例如图 6-19 所示。

图 6-19　项目文件存放路径示例

AlexNet 模型的具体训练步骤如下。

6.5.1　步骤 1：搭建环境

本节通过使用 GPU-Torch 构建 AlexNet 网络，使用显卡进行运算。首先确定机器是否有独立显卡，可通过"计算机—管理—设备管理器—显示适配器"命令查看。然后测试本机独立显卡是否支持 CUDA，可以在 CUDA 的官方网站中查看是否支持本机独立显卡型号。若支持，则在官方网站中下载所需要的版本。CUDA 下载页面如图 6-20 所示。

图 6-20　CUDA 下载页面

安装完成之后，在控制台输入 nvcc-V，测试 CUDA 是否安装成功，如图 6-21 所示。

```
C:\Users\fc>nvcc -V
nvcc: NVIDIA (R) Cuda compiler driver
Copyright (c) 2005-2020 NVIDIA Corporation
Built on Thu_Jun_11_22:26:48_Pacific_Daylight_Time_2020
Cuda compilation tools, release 11.0, V11.0.194
Build cuda_11.0_bu.relgpu_drvr445TC445_37.28540450_0
```

图 6-21   测试 CUDA 是否安装成功

如果 CUDA 已安装成功，则下载 cuDNN。需要注意的是，cuDNN 版本需与 CUDA 版本一致。cuDNN 下载页面如图 6-22 所示。

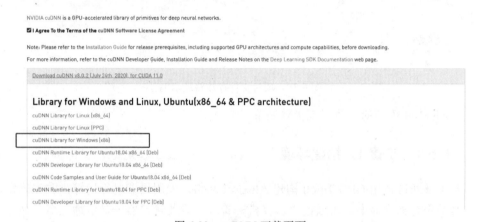

图 6-22   cuDNN 下载页面

下载完成后，首先将 cuDNN 压缩包里的 bin、clude、lib 文件复制到 CUDA 的安装目录下，直接覆盖安装即可。然后根据配置在 PyTorch 官网下载并安装对应版本的 PyTorch。以 pip 安装方式为例，代码如下。

```
    pip3  install  -i  https://pypi.tuna.tsinghua.edu.cn/simple
torch==1.2.0 torchvision==0.4.0 -f https://download.pytorch.org/whl/
torch_stable.html
```

最后通过命令行 import totch 来验证 PyTorch 是否安装成功，如图 6-23 所示。若可以正常打印出版本号，则表明安装成功。

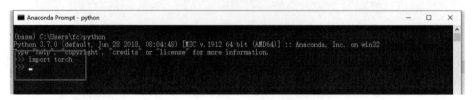

图 6-23   验证 PyTorch 是否安装成功

6.5.2　步骤 2：导入依赖库

导入实验所需的依赖库，代码如下。

```
import torch.nn as nn
import torch.utils.data
import torchvision
import torch.nn.functional as F
from torch.autograd import Variable
from torchvision import transforms
import time
```

6.5.3　步骤 3：获取数据

本节所用数据集来自 Kaggle 竞赛中的赛题，其中训练集包含 25000 张猫和狗的图片，测试集包含 12500 张猫和狗的混合乱序图片，测试集中的部分数据示例如图 6-24 所示。

图 6-24　测试集中的部分数据示例

首先，根据本地文件的位置，更改代码中相对应的数据集路径。然后，构建训练集和测试集。采用 datasets.ImageFolder 函数读取不同文件夹下的数据图片，利用 data_transform 函数对数据进行预处理。加载数据集时将图片通过 data.transform 函数转换成张量，并对输入的图片进行标准化。最后，将数据输入 DataLoader 函数中，为后续模型训练准备好数据。代码如下。

```
    train_dataset=torchvision.datasets.ImageFolder(root='./dogvscat/
data/train/',transform=data_transform)
    train_loader= torch.utils.data.DataLoader(train_dataset, batch_
size=10, shuffle=True)

    val_dataset=torchvision.datasets.ImageFolder(root='./dogvscat/
data/val/', transform=data_transform)
    val_loader= torch.utils.data.DataLoader(val_dataset, batch_
size=10, shuffle=True)
    data_transform = transforms.Compose([
        transforms.Scale((227,227),2),
        transforms.RandomHorizontalFlip(),
        transforms.ToTensor(),
        transforms.Normalize(mean=[0.485, 0.456, 0.406], std=[0.229,
0.224, 0.225])
    ])
```

6.5.4　步骤 4：定义 AlexNet 网络

首先定义 self.features 函数来构建网络层，利用 nn.Sequentia 函数将所有的网络层进行有序组合。卷积函数采用 Conv2d，其第一个参数为输入通道，第二个参数为输出通道，第三个参数为卷积核大小。ReLU 函数的参数为 inplace，True 表示直接对输入进行修改，False 表示新创建一个对象进行修改。AlexNet 网络的第一层是一个 11×11 的卷积，输入的 channels 是 3，输出的 channels 是 96，stride 为 4，padding 为 2。第一层卷积后接一个 3×3 的池化层，stride 为 2，没有 padding。第三层是 5×5 的卷积，输入的 channels 是 96，输出的 channels 是 256。第三层后接入一个 3×3 的池化层，stride 是 2。以此类推，最后一个卷积层是 3×3 的卷积层，输入的 channels 是 256，输出的 channels 也是 256。然后使用 view 函数将特征数据铺平展开，重组成大小为 $256 \times 6 \times 6$ 的输入，放入分类器中的全连接层。最后用 self.classifier 函数定义分类器的结构。代码如下。

```
    class Alexnet(nn.Module):
        def __init__(self):
            super(alexnet, self).__init__()
            self.features = nn.Sequential(
                nn.Conv2d(3, 96, kernel_size=11, stride=4, padding=2),
                nn.ReLU(inplace=True),
                nn.MaxPool2d(kernel_size=3, stride=2),
```

```
                nn.Conv2d(96, 256, kernel_size=5, padding=2),
                nn.ReLU(inplace=True),
                nn.MaxPool2d(kernel_size=3, stride=2),
                nn.Conv2d(192, 384, kernel_size=3, padding=1),
                nn.ReLU(inplace=True),
                nn.Conv2d(384, 256, kernel_size=3, padding=1),
                nn.ReLU(inplace=True),
                nn.Conv2d(256, 256, kernel_size=3, padding=1),
                nn.ReLU(inplace=True),
                nn.MaxPool2d(kernel_size=3, stride=2),
            )
        self.classifier = nn.Sequential(
                nn.Linear(256 * 6 * 6, 4096),
                nn.ReLU(inplace=True),
                nn.Linear(4096, 4096),
                nn.ReLU(inplace=True),
                nn.Linear(4096, 2),
            )
    def forward(self, x):
        x = self.features(x)
        x = x.view(x.size(0), 256 * 6 * 6)
        x = self.classifier(x)
        return x
```

定义完网络结构后进行数据加载与模型训练，对模型进行实例化，并输出网络的结构，观察各层连接情况和数据变换情况。代码如下。

```
model = alexnet().cuda()
print(model)
```

输出的网络结构如下。

```
alexnet((features): Sequential(
      (0): Conv2d(3, 64, kernel_size=(11, 11), stride=(4, 4),
padding=(2, 2))
      (1): ReLU(inplace=True)
      (2): MaxPool2d(kernel_size=3, stride=2, padding=0, dilation=1,
ceil_mode=False)
      (3): Conv2d(96, 192, kernel_size=(5, 5), stride=(1, 1),
padding=(2, 2))
      (4): ReLU(inplace=True)
      (5): MaxPool2d(kernel_size=3, stride=2, padding=0, dilation=1,
```

```
ceil_mode=False)
        (6): Conv2d(192, 384, kernel_size=(3, 3), stride=(1, 1),
padding=(1, 1))
        (7): ReLU(inplace=True)
        (8): Conv2d(384, 256, kernel_size=(3, 3), stride=(1, 1),
padding=(1, 1))
        (9): ReLU(inplace=True)
        (10): Conv2d(256, 256, kernel_size=(3, 3), stride=(1, 1),
padding=(1, 1))
        (11): ReLU(inplace=True)
        (12): MaxPool2d(kernel_size=3, stride=2, padding=0, dilation=1,
ceil_mode=False)
    )
    (classifier): Sequential(
        (0): Linear(in_features=9216, out_features=4096, bias=True)
        (1): ReLU(inplace=True)
        (2): Linear(in_features=4096, out_features=4096, bias=True)
        (3): ReLU(inplace=True)
        (4): Linear(in_features=4096, out_features=2, bias=True)
    ))
```

6.5.5 步骤5：模型初始化

模型初始化需定义损失函数和优化器。在 PyTorch 中提供了 torch.optim 方法对网络进行优化，torch.optim 方法是各种优化算法的程序库，支持常用的优化方法。构造优化器需要给定变量类型的参数，主要包括学习率、权重衰减等。损失函数的计算方式采用交叉熵 CrossEntropyLoss。代码如下。

```
num_epochs=10
cirterion = nn.CrossEntropyLoss()
optimizer = torch.optim.Adam(model.parameters(), lr=0.001)
```

6.5.6 步骤6：模型训练

在模型训练过程中，首先定义每个轮次的训练细节，读取每个批次的数据进行训练并把数据转存到 GPU 中。优化器梯度初始化为零，把数据输入网络并得到输出，即进行前向传播。然后，使用定义好的损失函数计算损失值，使用 loss.backward 函数反向传播梯度。在结束一次前传与反传之后，更新优化器参数。

在每个轮次中，通过测试集检验模型的训练效果，输出模型在测试集上的精度，并在模型训练完成后将其模型保存到本地。后续可以直接利用模型进行分类或基于其他训练集再次进行训练。代码如下。

```
model.train()
try:
for epoch in range(num_epochs):
        batch_size_start = time.time()
        running_loss = 0.0
        for i, (inputs,labels) in enumerate(train_loader) :
            inputs = Variable(inputs).cuda()
            labels = Variable(labels).cuda()
            optimizer.zero_grad()
            outputs = model(inputs)
            criterion =nn.CrossEntropyLoss()
            loss = criterion(outputs,labels)
            loss.backward()
            optimizer.step()
            running_loss +=loss.item()
#在测试集上测试
            if (i+1) % 10 == 0 :
                print('Epoch [%d/%d], Iter [%d/%d] Loss: %.4f'
                    % (epoch + 1, num_epochs, (i+1) / 10,
len(train_dataset) / (200 * 10),running_loss / 10))
                running_loss =0.0
        print('the %d num_epochs '% (epoch) )
        print ('need time %f' %(time.time() - batch_size_
start))
        if (epoch+1) % 10 != 0 :
            continue
        torch.save(model.state_dict(), str(epoch) + "_model.pkl")
        print('save the training model')
#输出模型的精度
        correct = 0
        total = 0
        for j, (images,labels) in enumerate(val_loader):
            batch_size_start = time.time()
            images = Variable(images).cuda()
            outputs = model(images)
            predicted = torch.max(outputs.data, 1)
            total +=labels.size(0)
            correct += (predicted == labels.cuda()).sum()
```

```
                    print("正确的数量: ", correct)
                    print(" Val BatchSize cost time :%.4f s" %
(time.time() - batch_size_start))
                    print('Test Accuracy of the model on the 5000 Val
images: %.4f' % (float(correct) / total))
                if (float(correct) / total)>=0.95:
                    print('the Accuracy>=0.98 the num_epochs:%d'% epoch)
                    break
        print("training finish")
    #模型保存
        torch.save(model.state_dict(), 'model.pkl')
        print('save the training model')
    except:
        torch.save(model.state_dict(), "snopshot_" + str(epoch) +
"_model.pkl")
        print('save snopshpot the training model Done.')
```

图 6-25 为训练过程的损失输出，其中显示了在训练过程中每个轮次后迭代的次数和训练时间。

```
Epoch [1/10], Iter [1000/20000] Loss: 0.6922
Epoch [1/10], Iter [1100/20000] Loss: 0.6936
Epoch [1/10], Iter [1200/20000] Loss: 0.6938
Epoch [1/10], Iter [1300/20000] Loss: 0.6936
Epoch [1/10], Iter [1400/20000] Loss: 0.6923
Epoch [1/10], Iter [1500/20000] Loss: 0.6942
Epoch [1/10], Iter [1600/20000] Loss: 0.6936
Epoch [1/10], Iter [1700/20000] Loss: 0.6933
Epoch [1/10], Iter [1800/20000] Loss: 0.6927
Epoch [1/10], Iter [1900/20000] Loss: 0.6931
Epoch [1/10], Iter [2000/20000] Loss: 0.6938
the 0 num_epochs
need time 136.573543
Epoch [2/10], Iter [100/20000] Loss: 0.6933
Epoch [2/10], Iter [200/20000] Loss: 0.6932
Epoch [2/10], Iter [300/20000] Loss: 0.6933
Epoch [2/10], Iter [400/20000] Loss: 0.6928
```

图 6-25 训练过程的损失输出

每 10 个轮次后输出在测试集上的中间结果如图 6-26 所示。由于训练次数较少，因此精度较差，但随着训练轮次的增加，精度会逐渐提升。

```
正确的数量： tensor(2479, device='cuda:0')
 Val BatchSize cost time :0.0070 s
Test Accuracy of the model on the 5000 Val images: 0.4998
正确的数量： tensor(2482, device='cuda:0')
 Val BatchSize cost time :0.0070 s
Test Accuracy of the model on the 5000 Val images: 0.4994
正确的数量： tensor(2488, device='cuda:0')
 Val BatchSize cost time :0.0060 s
Test Accuracy of the model on the 5000 Val images: 0.4996
正确的数量： tensor(2494, device='cuda:0')
 Val BatchSize cost time :0.0070 s
Test Accuracy of the model on the 5000 Val images: 0.4998
正确的数量： tensor(2500, device='cuda:0')
 Val BatchSize cost time :0.0060 s
Test Accuracy of the model on the 5000 Val images: 0.5000
```

图 6-26　中间结果输出

上述案例展示了 AlexNet 模型在现有训练集与测试集上的简单测试过程。随着训练批次的增加，模型的效果越来越好。测试结果示例如图 6-27 所示。

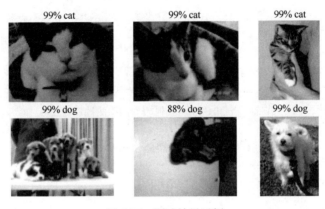

图 6-27　测试结果示例

6.6　目标检测案例

目标检测是计算机视觉领域的典型任务，是图像分割、图像描述、动作识别等更复杂的计算机视觉任务的基础任务。目标检测的目的是在图像或视频中识别和定位特定类别的物体。与图像分类任务不同，目标检测不仅要求模型识别出物体的类别，还需要确定物体在图像中的位置，通常以边界框的形式给出。基于深度学习的目标检测算法主要分为两个流派：以 SSD、YOLO 为代表的一阶段（One-Stage）算法和以 R-CNN 系列为代表的两阶段（Two-Stage）算法。

本节以 YOLOv4 模型为基础介绍目标检测案例。YOLO 系列模型一直在更新，其精度越来越高，速度越来越快，能识别的数据类型也越来越多。YOLOv4 是其中一个经典版本，其在 YOLOv3 的基础上结合了诸多提高目标检测准确率的插件模块和处理方法，在速度与精度之间进行了进一步的平衡，取得了更加优秀的检测性能。YOLOv4 与其他模型的检测性能对比如图 6-28 所示。

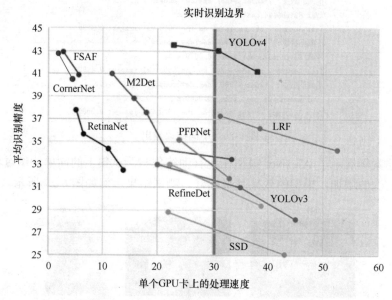

图 6-28   YOLOv4 与其他模型的检测性能对比

使用 YOLOv4 模型进行目标检测的具体实验步骤如下。

6.6.1   步骤 1：环境配置和模型下载

本节基于 OpenCV+PyTorch1.6，利用现有的在 COCO 上预训练的 YOLOv4 模型对指定图片中的目标进行检测。COCO 数据集是一个大型的目标检测数据集，主要由图片和 json 标签文件组成，包含 20 万张图片，80 个类别，超过 50 万个目标标注。

目前对 YOLOv4 的复现代码较多，本节选取其中一个引用较多的完整代码进行示例介绍。首先下载 PyTorch 版本的 YOLOv4 项目压缩包，然后解压到本地的英文路径下，如图 6-29 所示。

需要注意的是，下载的 COCO 训练数据的默认存放位置为 data；实验推理部分代码所用的图片的默认存放位置为 inference/images。此外，若路径中存在中文名称，程序会弹出错误提示，无法找到指定的图片，如图 6-30 所示。

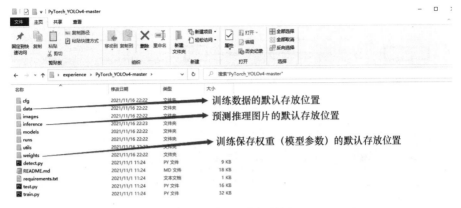

图 6-29　解压项目压缩包

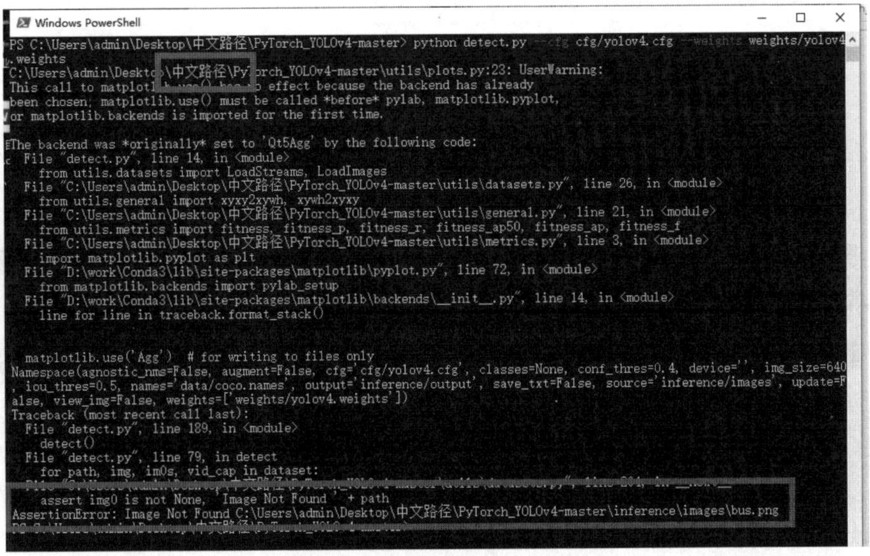

图 6-30　中文路径出错示例

　　项目压缩包解压之后还需要下载 weight 权重文件。本次实验选择第一个基本权重，如图 6-31 所示。权重文件为 YOLOv4.weights，其在 COCO 数据集上训练得到，目标类别有 80 种。将下载的模型保存到项目中。在同一文件夹下创建 model 文件夹，用来存放模型相关文件。

　　项目文件解压后，可以看到项目中已经配置好的参数文件在 cfg 文件中。这里使用默认的 YOLOv4 配置文件 yolov4.cfg。对于网络结构，可以使用 Netron 程序打开 cfg 文件解析网络结果，主要调用 tool/cfg.py 中的 parse_cfg 函数，之后返回卷积块。打开 Netron 程序后导入 yolov4.cfg 文件得到网络结构图。图 6-32 展示了使用 Netron 程序解析 yolov4.cfg 所得到的部分网络结构图。

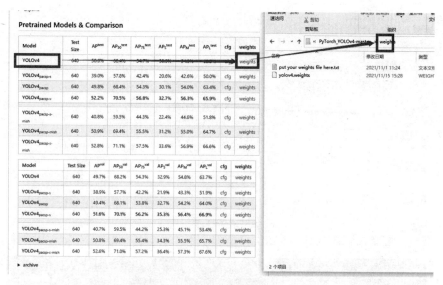

图 6-31　下载 weight 权重文件

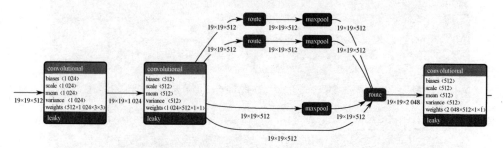

图 6-32　使用 Netron 程序解析 yolov4.cfg 所得到的部分网络结构

结合 Netron 解析的网络结构图，下面对其中的基本参数进行介绍。参数配置部分代码如下，包括基本的神经网络参数，如输入图片的尺寸、学习率，以及各层网络的相关参数，如神经元个数、步长等。

```
#测试时，batch 和 subdivisions 设置为1，否则可能出错
#batch=1，大一些可以减小训练震荡及训练时 NAN 的出现
#subdivisions=1，必须为8的倍数
# 训练过程
batch=64 #训练过程中将 64 张图一次性加载进内存，前向传播后将 64 张图的
loss 累加求平均，再一次性后向传播更新权重
    subdivisions=16 # 一个 batch 分16次完成前向传播，即每次计算4张图
    width=608 # 网络输入的宽
    height=608 # 网络输入的高
    channels=3 # 网络输入的通道数
    momentum=0.949 # 动量梯度下降优化方法中的动量参数
```

```
decay=0.0005 # 权重衰减正则项, 用于防止过拟合
angle=0 # 数据增强参数, 通过旋转角度来生成更多训练样本
saturation = 1.5 # 数据增强参数, 通过调整饱和度来生成更多训练样本
exposure = 1.5 # 数据增强参数, 通过调整曝光量来生成更多训练样本
hue=1 # 数据增强参数, 通过调整色调来生成更多训练样本
learning_rate=0.001 # 学习率
burn_in=1000 # 当迭代次数大于 burn_in 时, 采用 policy 的更新方式
max_batches = 500500 # 训练迭代次数, 跑完一个 batch 为一次
policy=steps # 学习率的调整策略
steps=400000,450000 # 动态调整学习率, 取 max_batches 的 0.8~0.9
scales=.1,.1 # 迭代到 steps(1) 次时, 学习率衰减 10 倍, 迭代到 steps(2)
```
次时, 学习率在前一个学习率的基础上衰减 10 倍
```
#cutmix=1 # 填充数据增强, 将一部分区域剪掉但不填充 0 像素, 而是随机填充
```
训练集中的其他数据的区域像素值, 分类结果按一定的比例分配
```
mosaic=1 # 马赛克数据增强, 取 4 张图, 以随机缩放、随机裁剪、随机排布的
```
方式拼接

其余参数配置包括不同类型网络层的参数, 如 convolutional 层、route 层、shortcut 层、maxpool 层、upsample 层、yolo 层等。route 层是一个环路, 通过不同的层能对指定网络层位置特征定位, 进而实现不同层之间的特征融合操作。YOLOv4 中 net 层之后堆叠多个 CBM 层和 CSP 层。CBM 层由 Conv、Batch Norma、Mish 激活函数组成。Mish 是 YOLOv4 使用的一种新的激活函数, 当出现负值时并不完全截断梯度的流动, 而是允许比较小的负梯度流入, 保证了信息的流动。CBM 层的结构参数定义如下。

```
[convolutional]
batch_normalize=1 # 是否进行批归一化
filters=32 # 卷积核个数, 也就是该层的输出通道数
size=3 # 卷积核大小
stride=1 # 卷积步长
pad=1 # 是否在边缘补充像素
activation=mish # 网络层激活函数, 在 Backbone 中采用 Mish, 后面仍采
用 Leaky_ReLU
```

CBM 层之后是 CSP1 层, 其结构参数定义如下。

```
# CSP1 = CBM + 1 个残差 unit + CBM -> Concat(with CBM)
[convolutional] # CBM 层
batch_normalize=1
filters=64
size=1
stride=1
pad=1
```

```
activation=mish

[route]
layers = -2

[convolutional] # CBM层
batch_normalize=1
filters=64
size=1
stride=1
pad=1
activation=mish

# 残差块
[convolutional] # CBM层
batch_normalize=1
filters=32
size=1
stride=1
pad=1
activation=mish

[convolutional] # CBM层
batch_normalize=1
filters=64
size=3
stride=1
pad=1
activation=mish

[shortcut]
from=-3
activation=linear

[convolutional] # CBM层
batch_normalize=1
filters=64
size=1
stride=1
pad=1
activation=mish
```

```
[route]  # Concat 前面两个 CBM 层的输出
layers = -1,-7
```

cfg 配置文件的后半部分是对配置参数 Neck 和 YOLO-Prediction 的设置，两者的分界线如图 6-33 所示。在 Neck 中首先采用 3 个 CBL 卷积，其由 Conv2d、Batch Normal、Leaky ReLU 这 3 个网络层组成。

```
736     [convolutional]
737     batch_normalize=1
738     filters=1024
739     size=1
740     stride=1
741     pad=1
742     activation=mish
743
744     #######################
745
746     [convolutional]
747     batch_normalize=1
748     filters=512
749     size=1
750     stride=1
751     pad=1
752     activation=leaky
```

图 6-33　Neck 和 YOLO-Prediction 配置参数的分界线

然后引入 SPP 模块，将 Backbone 输出的特征图分别进行尺寸为 5 像素×5 像素、9 像素×9 像素和 13 像素×13 像素的最大池化，再使用 route 层将未池化的结果和前述 3 种池化的结果混合。此时，对于 608×608 的输入，将变成 19×19 的输入，参数设置示例如图 6-34 所示。

```
770     ### SPP ###
771     [maxpool]
772     stride=1
773     size=5
774
775     [route]
776     layers=-2
777
778     [maxpool]
779     stride=1
780     size=9
781
782     [route]
783     layers=-4
784
785     [maxpool]
786     stride=1
787     size=13
788
789     [route]
790     layers=-1,-3,-5,-6
791     ### End SPP ###
```

图 6-34　引入 SPP 模块后的参数设置示例

在完成 SPP 模块的参数配置之后，继续经过若干卷积层，最终通过 YOLO 层进行处理，涉及的网络结构如图 6-35 和图 6-36 所示。

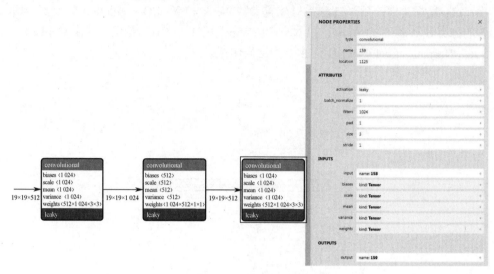

图 6-35　卷积层处理

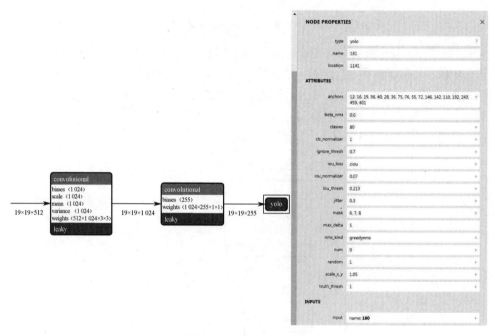

图 6-36　YOLO 层处理

示例项目中创建网络模型调用了 models\models.py 中的 create_network 函数，它会根据解析 cfg 得到的卷积块（Block）构建网络。先创建模型列表

（ModuleList），为每个卷积块创建序列（Sequential），将每个卷积块中的卷积操作、批归一化操作、激活操作都放到序列中，即每个卷积块对应一个序列。

6.6.2　步骤 2：主函数解析

主函数位于 detect.py 文件中，主要包括定义默认参数和调用定义的主函数。默认参数能够通过 ArgumentParser 自动从 sys.argv 中解析命令行参数。在该 detect 函数中，首先实例化模型结构，并从权重文件中加载预训练模型参数。然后读取指定文件夹下的所有图片，逐张进行目标检测，并将检测物体的类别和目标区域坐标在图片中进行展示。最后将结果保存在指定的文件夹 output 中。预测部分的函数代码如下。

```
    for path, img, im0s, vid_cap in dataset:
        torch.from_numpy(img).to(device)
        img.half() if half else img.float()
            img /= 255.0
            if img.ndimension() == 3:
                img = img.unsqueeze(0)
        t1 = time_synchronized()
        pred = model(img, augment=opt.augment)[0]
        pred = non_max_suppression(pred, opt.conf_thres, opt.
iou_ thres, classes=opt.classes, agnostic=opt.agnostic_nms)
        t2 = time_synchronized()

    if classify:
        pred = apply_classifier(pred, modelc, img, im0s)

    for i, det in enumerate(pred):
        if webcam:
            p, s, im0 = path[i], '%g: ' % i, im0s[i].copy()
        else:
            p, s, im0 = path, '', im0s
        save_path = str(Path(out) / Path(p).name)
        txt_path = str(Path(out) / Path(p).stem) + ('_%g' %
dataset.frame if dataset.mode == 'video'else'')
        s += '%gx%g ' % img.shape[2:]
        gn = torch.tensor(im0.shape)[[1, 0, 1, 0]]
        if det is not None and len(det):

            det[:, :4] = scale_coords(img.shape[2:], det[:, :4],
im0.shape).round()
```

```
for c in det[:, -1].unique():
    n = (det[:, -1] == c).sum()
    s += '%g %ss, ' % (n, names[int(c)])
```

6.6.3　步骤3：终端指令运行

可以采用 3 种不同的运行命令，即模型训练命令、模型测试命令和模型预测命令，示例代码如下。

```
## Training
python train.py --device 0 --batch-size 16 --img 640 640 --
data coco.yaml --cfg cfg/yolov4-pacsp.cfg --weights --name yolov4-
pacsp

## Testing
python test.py --img 640 --conf 0.001 --batch 8 --device 0 -
-data coco.yaml --cfg cfg/yolov4-pacsp.cfg --weights weights/yolov4-
pacsp.pt

## predict
Python detect.py  --cfg  cfg/yolov4.cfg  --weights  weights/
yolov4.weights
```

运行上述任一命令，即可应用训练完成的模型进行未标注数据的预测，预测结果示例如图 6-37 所示。由图可知，测试的两组图片中的所有物体都能被不同颜色的框体标注出来，同时在标记框的侧方还标记有对应的目标类别标签。

图 6-37　预测结果示例

本章小结

　　本章首先介绍了 CNN 的发展历程及其基本组成，对 CNN 中核心的卷积层、池化层、全连接层的计算方式进行了详细介绍。然后对 VGG、GoogLeNet、ResNet 等常见的 CNN 结构及深度生成网络进行了详细介绍。最后以计算机视觉领域常用的图像分类、目标识别任务为例，分别基于 AlexNet 和 YOLOv4 模型进行了实际案例的核心代码分析与介绍，以期帮助 CNN 的初学者在理解基本原理的基础上快速掌握实际应用方法。

第 7 章
循环神经网络

在深度学习领域，CNN 表现出色。然而，在对如文本、语音等数据信息量大且信息之间有复杂的时间关联性的时序数据进行特征提取时，CNN 的局部特征提取具有一定的局限性。为了解决这一问题，循环神经网络（Recurrent Neural Networks，RNN）应运而生。RNN 能在网络隐藏层的计算中保留先前的输入信息并将其作为当前网络的输出，由此形成一种带有循环的网络，实现信息持久化。本章首先介绍了基本型 RNN 的原理及由其衍生的具有不同结构的 RNN 变体，然后介绍了长短期记忆网络的结构，接着介绍了 RNN 与 CNN 的结合应用，最后结合具体的案例代码详细介绍了基于 PyTorch 开发 RNN 在时序数据预测和文本分类中的应用方法。

7.1 循环神经网络的基本原理

7.1.1 循环神经网络的原理

RNN 是一种处理序列数据的人工神经网络，它通过捕捉数据中的顺序特征和模式来预测可能的下一个情况。例如，你想对电影中某一点发生的事件进行预测，可以构建基于 RNN 的事件预测模型，利用对电影中先前事件经验的学习来推理后面事件发生的概率。不同于多层感知器的结构，RNN 的输入层与来自序列中上层的输出信号共同作用到当前的隐藏层。因此，RNN 正在处理的当前输入数据特征中既包含当前阶段的输入特征，也包含该阶段数据之前阶段的部分数据特征。隐藏层通过同时对这些数据进行分析得出下一阶段的数据预测。通过这种方式，RNN 可以比其他类型的深度学习算法更深入地理解序列及其上下文，并做出更精确的预测。RNN 结构如图 7-1 所示。

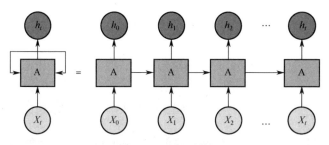

图 7-1　RNN 结构

RNN 正向传播过程如图 7-2 所示。对于包含 x_{t-1}, x_t, x_{t+1} 的输入序列 x，假设 RNN 的输入层大小为 i，隐藏层大小为 h，输出层大小为 k，x_t 代表序列第 t 项输入，s_{t-1} 代表第 t 项隐藏层的输入，o_t 代表 s_t 经过非线性激活函数后在时刻 t 的神经网络输出。由此可知 s_t 由输入层 x_t 与上一层隐藏层的输出 s_{t-1} 共同决定。计算过程如下。

$$\begin{cases} h_t = U \times x_t + W \times s_{t-1} + b \\ s_t = f(h_t) \end{cases} \tag{7-1}$$

$$\begin{cases} z_t = V \times s_t \\ o_h^t = g(z_t) \end{cases} \tag{7-2}$$

其中，f、g 为激活函数，且 f 对应隐藏层，可使用 ReLU、Tanh、Sigmoid 等常见的激活函数。

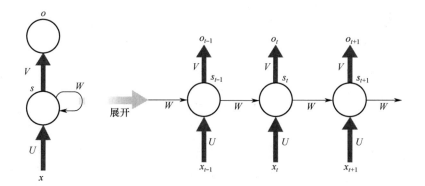

图 7-2　RNN 正向传播过程

输出层的 Softmax 激活函数通常用于解决多分类问题，输出属于各个分类的概率。根据梯度下降的思想，约束误差 $E = \sum -\hat{o}_t \log(o_t)$，令 W, V, U 沿梯度方向下降，通过不断训练数据迭代，更新网络参数，最后得到所需的网络。其中，误

差表达中 $\hat{o}_t$ 表示真实值。在求解过程中需要计算梯度值 $\dfrac{\partial E}{\partial V}, \dfrac{\partial E}{\partial W}, \dfrac{\partial E}{\partial U}$。注意，由于 RNN 的输入叠加了之前的信号，所以其反向传播过程不同于传统的多层感知器，如图 7-3 所示。对于时刻 t 的输入层，其残差源于当前位置的输出对应的梯度损失及之后 $t+1$ 时刻的隐藏层对应的梯度损失，因此在求解 $\dfrac{\partial E}{\partial U}$ 时需要将其分解为由网络方向上的数据流动带来的误差 $\dfrac{\partial E_v}{\partial U}$ 和时间方向上的残差累计 $\dfrac{\partial E_h}{\partial U}$，如图 7-3 中的虚线箭头所示。

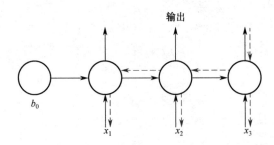

图 7-3　RNN 反向传播过程

对于时刻 t，若误差对输出层神经元加权输入值的偏导数为 $\delta_y^t = \dfrac{\partial E}{\partial s_t}$，误差对隐藏层神经元加权输入值的偏导数为 $\delta_h^t = \dfrac{\partial E}{\partial z_t}$，则 $\dfrac{\partial E_t}{\partial V}, \dfrac{\partial E_t}{\partial U}, \dfrac{\partial E_t}{\partial W}$ 的导数分别如式（7-3）～式（7-8）所示。

$$V: \frac{\partial E_t}{\partial V_{ij}} = (o_t - \hat{o}_t)(\boldsymbol{s}_t)^{\mathrm{T}} = \delta_y^t (\boldsymbol{s}_t)^{\mathrm{T}} \tag{7-3}$$

$$U: \frac{\partial E_t}{\partial U_{ij}} = \frac{\partial E_v}{\partial U_{ij}} + \frac{\partial E_h}{\partial U_{ij}} = \delta_h^t (\boldsymbol{x}_t)^{\mathrm{T}} \tag{7-4}$$

$$W: \frac{\partial E_t}{\partial W_{ij}} = \left(\frac{\partial E_t}{\partial z_i^t}\right) \frac{\partial z_i^t}{\partial W_{ij}} = \delta_h^t (\boldsymbol{s}_{t-1})^{\mathrm{T}} \tag{7-5}$$

结合上述公式，可以推导得出 δ_y^t, δ_h^t 的递推关系及递推的初始项 δ_y^0, δ_h^0 如下。

$$\begin{cases} \delta_y^t = (\boldsymbol{V}^{\mathrm{T}} \delta_y^t + \boldsymbol{W}^{\mathrm{T}} \delta_y^{t+1}) \odot f'(h_t) \\ \delta_h^t = (o_t - \hat{o}_t) \odot g'(z_t) \end{cases} \tag{7-6}$$

$$\delta_y^0 = (o_0 - \hat{o}_0), \delta_h^0 = \boldsymbol{V}^{\mathrm{T}} \delta_y^0 \odot f'(h_0) \tag{7-7}$$

其中，$\odot$ 表示矩阵的 Hardamard 积。由于递归神经网络具有一定的记忆功能，因此它与序列和列表相关，可以用来解决语音识别、语言模型、机器翻译等问题。

然而，经典 RNN 的局限性较大，适用范围较小。经过诸多学者的研究，RNN 衍生出了不同的变体，可解决不同领域的问题并且取得了不错的效果。如图 7-4 所示，根据输入和输出序列长度的不同，RNN 可以衍生出不同的变体结构。

（1）一对一（One to One）结构：输入序列和输出序列的长度都是 1，每个输入时间步对应一个输出时间步，两者之间没有依赖关系。例如，对单个图片进行分类。

（2）一对多（One to Many）结构：输入序列的长度为 1，输出序列的长度大于 1。例如，在音乐生成任务中，输入一份音频文件，输出一串音符序列。

（3）多对一（Many to One）结构：输入序列的长度大于 1，但输出序列的长度为 1，整个输入序列被用于生成一个单独的输出结果。例如，在情感分析任务中，输入一段文本序列，判断其情感倾向，输出一个表示情感类别的标签。

（4）多对多（Many to Many）结构：输入序列和输出序列的长度都大于 1，长度可以相同，也可以不同。例如，在机器翻译任务中，输入一种语言的句子，输出另一种语言的句子。

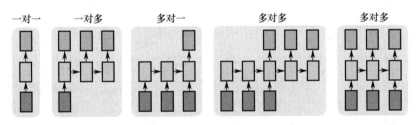

图 7-4　RNN 变体结构

7.1.2　双向循环神经网络

在利用 RNN 处理文本任务时，很多时候光看前面的词是不够的。例如，看这句话："我的手机坏了，我打算＿＿＿一部新的手机。"可以想象，如果只以横线前面的词（"手机坏了"）作为输入信息来预测后一句中"我"的未来处理方式，那么"修""换"都是满足条件的，因此结果无法确定。但如果看到了横线后面的词"一部新的手机"，则此时横线上的词为"换"更贴近整个语言的表达。这个简单的例子反映了基本 RNN 的一个缺陷，即 RNN 只能依据之前时刻的时序信息来预测下一时刻的输出。在语音识别、自然语言处理等问题中，样本出现的时间顺序信息很重要，当前时刻的输出不仅和过去的状态有关，还可能和未来的状态有关，所以对于这类问题，可以使用双向循环神经网络（Bidirectional Recurrent Neural Network，BRNN）来建模。BRNN 的结构如图 7-5 所示。

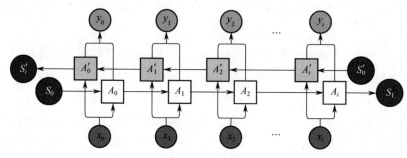

图 7-5　BRNN 结构

从图 7-5 可以看出，BRNN 的隐藏层要保存两个值 A 和 A'，其中 A 参与正向计算，A' 参与反向计算。最终的输出值 y_2 取决于 A_2 和 A_2'，计算方法为

$$y_2 = g(VA_2 + V'A_2') \qquad (7\text{-}8)$$

A_2 和 A_2' 分别计算如下。

$$A_2 = f(WA_1 + Ux_2) \qquad (7\text{-}9)$$

$$A_2' = f(W'A_3' + U'x_2) \qquad (7\text{-}10)$$

正向计算时，隐藏层的值 S_t 与 S_{t-1} 有关；反向计算时，隐藏层的值 S_t' 与 S_{t+1}' 有关，最终的输出取决于正向和反向计算的加权。不难看出，BRNN 解决问题的方式很简单，即正向和反向序列一起计算，正向序列从前往后计算，反向序列从后往前计算，对于每个序列分别得到一个激活函数，最终综合 A 与 A' 激活函数的结果计算输出值 y。

7.2　循环神经网络在实际中的应用

日常生活中许多任务的完成都涉及处理序列数据。例如，图片标注、语音合成及音乐生成等任务需要模型生成序列数据；时间序列预测、视频分析、信号处理等任务要求模型的输入为序列数据；机器翻译、人机对话、机器人控制等任务要求模型的输入输出均为序列数据。因此，为满足不同的任务需求，通过对 RNN 的结构、求解算法及并行化等方面进行改进优化，可以衍生出不同的 RNN 变体。这些 RNN 变体的应用可以为人们的生活带来很多便利，下面介绍一些常见的应用。

7.2.1　文本生成

神经网络是由一系列数据运算单元组成的高级计算结构，无法接收原始字符串数据，因此需要通过为每个字符分配数字来对其进行编码。通常创建两个字典实现从数字索引到字符及从字符索引到数字的映射，将代表字符序列的数值序列输入模型中，就可以让模型在给定字符序列的情况下预测留空位置概率最高的字符。RNN 文本生成流程如图 7-6 所示。首先设置起始字符串，初始化 RNN 状态并设置要生成的字符个数，用起始字符串和 RNN 状态获取下一个字符的预测分布。然后用分类分布计算预测字符的索引。把这个预测字符当作模型的下一个输入，同时更新模型状态。这样模型就有了更多的上下文可以学习，而非只有一个字符，通过不断地从前面预测的字符中获得更多上下文来学习。

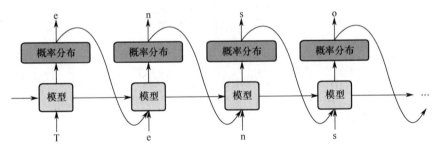

图 7-6　RNN 文本生成流程

7.2.2　语音识别

语音识别的本质是基于语音特征参数的模式识别，即通过学习，系统能够把输入的语音按一定的模式进行分类，进而依据判定准则找出最佳匹配结果。目前，模式匹配原理已经应用于大多数语音识别系统。基于模式匹配原理的语音识别系统架构如图 7-7 所示。

早期的人机交互往往以机器为重心，如鼠标、键盘和屏幕。近年来，随着人工智能和神经网络技术取得重大进展，人机交互正由传统的以机器为重心转向以人类为重心的自然交互。利用语音识别技术将人类语音中的词汇内容转换为计算机可读的输入，在很多人机交互场景中得到广泛应用，如听写数据录入、语音拨号、语音导航、智能家居设备语音控制、不同语种的互译等。通用的语音识别类型如图 7-8 所示。

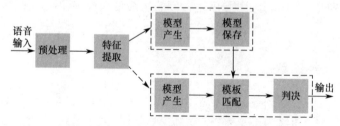

图 7-7　基于模式匹配原理的语音识别系统架构

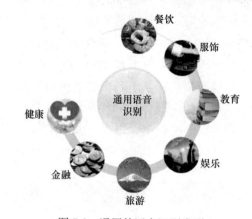

图 7-8　通用的语音识别类型

7.2.3　机器翻译

为了利用机器帮助人们解决沟通问题，机器翻译应运而生。机器翻译是利用计算机把一种自然语言翻译成另一种自然语言的过程。与人工翻译相比，机器翻译在速度方面具有明显的优势，其基本流程大致分为 3 部分，如图 7-9 所示。

图 7-9　机器翻译基本流程示例

目前使用较广泛的机器翻译是基于端到端的神经机器翻译。神经机器翻译的建模框架基于端到端序列生成模型，将输入序列变换到输出序列的一种框架和方法。基于 RNN 的神经机器翻译利用注意力机制动态计算源语言端的相关上下文，如图 7-10 所示。

机器翻译的基本应用大致可区分为三大场景：以信息获取为目的的场景、以信息发布为目的的场景和以信息交流为目的的场景。具体而言，在翻译或海外购物中，可以借助机器翻译了解一些生僻词的真正意思。查阅外文资料时可以利用机器翻译，这其实也是一种简单的辅助笔译过程。机器翻译还可用于交流，实现不同语种之间的无障碍沟通。

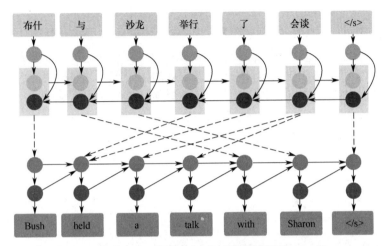

图 7-10　基于 RNN 的神经机器翻译

7.2.4　生成图像描述

　　为图像生成自然语言描述是一项具有挑战性的任务。传统方式是先用 CNN 提取图像特征，再用 RNN 生成句子。该架构被广泛运用于生成图像的文本描述任务。例如，在具有挑战性的图像分类任务中，通过利用预先训练的 CNN 来进行图像特征的提取，然后将序列特征数据传到 RNN 中来处理字幕生成问题。这种架构也被用于语音识别和自然语言处理任务，其中 CNN 被用作长短期记忆网络在音频和文本输入数据上的特征提取器。这种架构适用于以下情形。首先样本输入具有空间结构，如图像中的 2D 像素、段落或文档中字（单词）的 1D 结构。其次，样本输入具有时间结构，如视频中的图像或文本中单词的时间顺序信息，或者需要生成具有时间结构的输出，如文本描述中的字（单词）。基于 RNN 生成的图像描述类似看图说话，如图 7-11 所示。

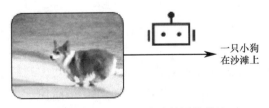

图 7-11　基于 RNN 生成的图像描述

7.2.5　视频动作检测

视频动作检测是一个复杂的问题，相比动作分类，动作检测难度更高，不仅需要定位视频中可能存在行为动作的视频段，还需要将其分类。对视频动作的研究工作已开展了很多，识别方法也在不断的更新中实现了更佳的识别效果。在2016 年由 IEEE 举办的计算机视觉与模式识别会议中，Shugao Ma 等人发表了 *Learning Activity Progression in LSTMs for Activity Detection and Early Detection* 一文，文中作者利用可以获取图像特征的 CNN-RNN 架构，为每个视频生成图像检测视频序列中人类活动的片段，识别活动的类别并检测它们的起点与终点，具体过程如图 7-12 所示。在每个视频帧中，模型首先计算 CNN 特征，然后将特征输入 LSTM 学习标签依赖性，最后利用全连接层组合特征并将它们的表示投影到适当的维度，以计算活动和非活动的检测分数（图 7-12 中的 BG）。

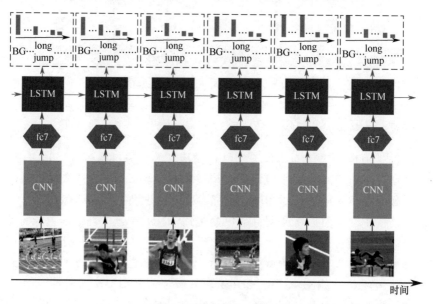

图 7-12　视频动作检测过程

7.2.6　信号分类

信号通常利用传感器按照时间顺序收集，因此是自然顺序数据的一种。自动信号分类可以避免对大型数据集进行手动实时分类。原始信号数据可以输入深度网络或进行预处理以关注其特征。由于 RNN 在时间序列特征提取上的出色表现，因此被广泛应用于多个领域的信号处理任务，如音频信号、心电信号、脑电信号等领域。在心电信号分类领域，心电信号的特征参数主要有心率、QRS

波、P 波、T 波幅度与时限等，经过特征提取后得到的 QRS 波间期，QS 间期和 P 波间期的序列也能组成时间序列。因此，利用 RNN 能够提取到序列中的时间相关特征，最后使用分类器进行信号分类。心电信号典型波形图如图 7-13 所示。

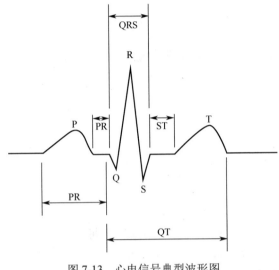

图 7-13　心电信号典型波形图

7.3　长短期记忆网络及其他门控循环神经网络

长期依赖是传统 RNN 模型中的一个经典问题，是指当前系统的状态可能受很长时间之前的系统状态的影响。例如，在字词预测案例中，如果根据"这块冰糖味道真__"来预测横线上的词，很容易得出"甜"的结果。但是当遇到环境信息更加复杂的情形时，预测的结果往往取决于更多前后文的内容。例如，针对案例"该毕业论文研究内容具有现实性和可操作性；逻辑结构严谨；观点表达清楚，论述全面；在论证过程中也能较好地将专业知识原理与现实问题结合起来。但论据还不够，存在一些错别字、英文摘要语法错误，参考文献整理相对不全。总体上_____毕业论文要求"，如果根据前两句话预测，则横线上的词为"符合"，预测正确的概率会因专家意见的不足而受到误导。为了实现较为完整的语言预测，需要结合较为长远的前文信息才能贴合原本的情景。理论上，通过调整参数，RNN 可以学到时间久远的信息。但是，实际上 RNN 获得这些信息并不容易。RNN 对学习时间代价较大的信息的学习能力很弱，会导致长期记忆的失效，原因是循环连接非常简单，缺少非线性激活函数。RNN 的连接关系可以表示为

$$h^{(t)} = Wh^{(t-1)} + Ux^{(t)} + b \tag{7-11}$$

因为 $h^{(t-1)}$ 前的系数为 W ，若 $\mathrm{abs}(w) < 1$ ，那么 $t-1$ 时刻的状态信息传递到 t 时刻会发生缩减，信息保留的部分仅为 $Wh^{(t-1)}$ 。如果逐层迭代，将其写成含 $h^{(t)}$ 的表达式，那么 $h^{(0)}$ 前面的系数将是 $W^{(t)}$ 。当 $\mathrm{abs}(w) < 1$ 时， W^t 是非常小的数，可以认为 $h^{(0)}$ 对 $h^{(t)}$ 几乎不产生影响。也就是 0 时刻的信息几乎被遗忘，导致长期记忆失效。解决长期记忆失效问题的方法有很多，如基于 RNN 衍生长短期记忆网络及相关变种算法。这些变种算法可以有效地保留长期信息，并且能够保留重要信息，"遗忘"不重要的信息。

7.3.1 长短期记忆网络

LSTM 网络是 RNN 的一种，旨在避免长期记忆失效问题。经过不断改进，LSTM 网络在处理和预测时间序列相关的数据时比一般的 RNN 表现得更好。LSTM 的工作方式与 RNN 单元类似，也有一个隐藏状态，其中 H_{t-1} 和 H_t 分别表示前一时刻和当前时刻的隐藏状态， C_{t-1} 和 C_t 分别代表前一时刻和当前时刻的单元状态。LSTM 通过 3 种类型的门来控制每个单元的状态，即遗忘门、输入门和输出门。遗忘门决定上一时刻的单元状态 C_{t-1} 有多少保存到当前时刻 C_t ；输入门决定当前时刻网络的输入 x^t 有多少保存到单元状态 C_t ；输出门控制单元状态 C_t 有多少输出到 LSTM 网络的当前输出值 H_t 。LSTM 网络结构如图 7-14 所示。

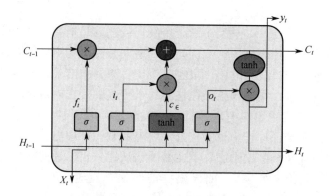

图 7-14　LSTM 网络结构

LSTM 网络通过门结构来删除或添加信息到各个单元，通过门可以选择性地让信息通过。门结构由 Sigmoid 层和逐点乘法运算组成，每个 Sigmoid 层产生的数字均在 0 至 1 范围内。在 LSTM 网络的数据处理过程中，第一步是决定从单元状态中丢弃哪些信息，即采用遗忘门来进行决策。遗忘门的公式为

$$f_t = \sigma(X_t \times U_f + H_{t-1} \times W_f) \qquad (7\text{-}12)$$

其中，X_t 表示当前时刻的输入；U_f 表示与输入相关的权重；H_{t-1} 表示上一个时刻的隐藏状态；W_f 表示与隐藏状态相关的权重矩阵。通过在 f_t 上应用 Sigmoid 函数，f_t 成为一个介于 0 和 1 之间的值。此 f_t 与前一个时刻的单元状态 C_t 相乘，如式（7-13）和式（7-14）所示。如果 f_t 为 0，那么网络将忘记所有内容；如果 f_t 为 1，那么网络将不会忘记任何内容。

$$C_{t-1} \times f_t = 0 \quad f_t = 0 \qquad (7\text{-}13)$$

$$C_{t-1} \times f_t = C_{t-1} \quad f_t = 1 \qquad (7\text{-}14)$$

下一步决定在单元状态中存储哪些新信息。在 LSTM 网络中，输入门用于量化输入所携带信息的重要性。首先，输入门的 Sigmoid 层决定更新哪些值，计算公式为

$$i_t = \sigma(X_t \times U_i + H_{t-1} \times W_i) \qquad (7\text{-}15)$$

其中，X_t 表示在当前时间刻的输入；U_i 表示输入的权重矩阵；H_{t-1} 表示上一个时刻的隐藏状态；W_i 表示与隐藏状态相关的输入权重矩阵，并再次应用 Sigmoid 函数来控制输出结果。

然后，通过 Tanh 函数创建一个新的候选值 C_ε 添加到单元状态中。需要传递给单元状态的新信息由前一时刻 $t-1$ 的隐藏状态和时刻 t 的输入 x 共同决定。通过使用 Tanh 函数，新信息的值将在-1 和 1 之间。如果 C_ε 值为负，则从单元状态中减去信息；如果 C_ε 的值为正，则将信息添加到当前时刻的单元状态中。计算过程为

$$C_\varepsilon = \tanh(X_t \times U_c + H_{t-1} \times W_c) \qquad (7\text{-}16)$$

接下来创建状态更新。新的单元状态的更新待用值包含两个部分：式（7-16）中计算的 C_ε 和当前时刻的细胞状态 C_{t-1}。更新方程为

$$C_c = f_t \times C_{t-1} + i_t \times C_\varepsilon \qquad (7\text{-}17)$$

输出阶段需要决定输出什么。首先，对 H_t 和 X_t 使用 Sigmoid 函数，能决定细胞状态的每一部分状态值有多少量可以通过，计算公式为

$$o_t = \sigma(X_t \times U_o + H_{t-1} \times W_o) \qquad (7\text{-}18)$$

最后，把已经计算好的单元状态 C_t 通过 Tanh 函数将值变换到-1 和 1 之间，并将其乘以更新后的细胞状态 o_t 以计算当前的隐藏状态，计算公式为

$$H_t = o_t \times \tanh(C_t) \qquad (7\text{-}19)$$

7.3.2 其他门控循环神经网络

门控循环单元（Gate Recurrent Unit，GRU）是 RNN 的一种，也是为了解决长期记忆和反向传播中的梯度等问题而提出来的。实验证明，GRU 的实验效果与 LSTM 网络相似，但比 LSTM 网络更易于计算，能够在很大程度上提高训练效率。与 LSTM 网络不同的是，GRU 的单个门控单元能够同时控制遗忘因子，更新状态单元的决定。在 LSTM 网络中有 3 个门，即输入门、遗忘门和输出门，分别控制输入值、记忆值和输出值，而在 GRU 模型中只有两个门，分别是更新门和重置门。GRU 结构如图 7-15 所示。

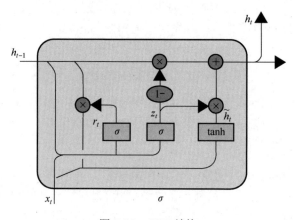

图 7-15　GRU 结构

图 7-15 中的 z_t 和 r_t 分别表示更新门和重置门。更新门用于控制前一时刻的状态信息被带入当前状态的程度，更新门的值越大，说明前一时刻的状态信息被带入的越多。重置门控制前一状态有多少信息被写入当前的候选集 $\tilde{h}_t$ 上，重置门的值越小，前一状态的信息被写入的越少。更新公式为

$$\begin{cases} r_t = \sigma(W_r \times [h_{t-1}, x_t]) \\ z_t = \sigma(W_z \times [h_{t-1}, x_t]) \\ \tilde{h}_t = \tanh(W_{\tilde{h}_t} \times [r_t \times h_{t-1}, x_t]) \\ h_t = (1 - z_t) \times h_{t-1} + z_t \times \tilde{h}_t \\ y_t = \sigma(W_o \times h_t) \end{cases} \qquad (7\text{-}20)$$

7.4　深度学习在文本和序列中的应用

7.4.1　文本数据处理

文本是最常用的序列数据之一，可以理解为字符序列或单词序列，最常见的是单词序列。后文介绍的深度学习序列处理模型都是根据文本生成基本形式的自然语言理解，并用于文档分类、情感分析、作者识别，甚至有限的语境下的问答系统等应用。深度学习用于自然语言处理是指将模式识别应用于单词、句子和段落，这与计算机视觉将模式识别应用于像素大致相同。与其他所有神经网络一样，深度学习模型不会接收原始文本作为输入，它只能处理数值张量。文本向量化（Vectorize）是指将文本转换为数值张量的过程，有多种实现方法。

（1）将文本分割为单词，并将每个单词转换为一个向量。

（2）将文本分割为字符，并将每个字符转换为一个向量。

（3）提取单词或字符的 n-gram，并将每个 n-gram 转换为一个向量。n-gram 是多个连续单词或字符的集合（n-gram 之间可重叠）。

将文本分解成单元（单词、字符或 n-gram）的过程叫作标记（Token），将文本分解成标记的过程叫作分词（Tokenization）。所有的文本向量化过程都是应用某种分词方案，将数值向量与生成的标记相关联。这些向量组合成序列张量，被输入深度神经网络中，如图 7-16 所示。

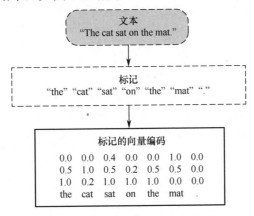

图 7-16　文本向量化过程

7.4.1.1　词袋

词袋（Bag of Words，BOW）模型最初应用在文本分类中，将文档表示成特征矢量。它的基本思想是假定对于一个文本，忽略其词序和语法、句法，仅将其看作一些词汇的集合，而文本中的每个词汇都是独立的。

为了让词袋模型能够表达更多的语义，可以使用 n 元语法来构建词袋模型。n-gram 是从一个句子中提取的 N 个（或更少）连续单词的集合。这一概念中的"单词"也可以替换为"字符"。下面来看一个简单的例子。句子"The cat sat on the mat"（猫坐在垫子上）可以被分解为二元语法（2-grams）集合{"The", "The cat", "cat", "cat sat", "sat", "sat on", "on", "on the", "the", "the mat", "mat"}。同理，这个句子也可以被分解为三元语法（3-grams）的集合{"The", "The cat", "cat", "cat sat", "The cat sat", "sat", "sat on", "on", "cat sat on", "on the", "the", "sat on the", "the mat", "mat", "on the mat"}。这样的集合分别叫作二元语法袋（Bag of 2-grams）和三元语法袋（Bag of 3-grams）。"袋"（Bag）这一术语指处理的是由标记组成的集合，而不是一个列表或序列，即标记没有特定的顺序，这一系列分词方法叫作词袋。

7.4.1.2　词嵌入

词向量简单来说就是用一个向量表示一个词语。一些词的词性是相近的，如"like"喜欢和"love"爱。对于这种词性相近的词，它们的向量表示可能也相近。为了度量和定义两个向量之间的相近程度，可以定义这两个向量的夹角，夹角越小，越相近。

词嵌入在 PyTorch 中的实现只需要调用 torch.nn.Embedding(m,n)函数，其中 m 表示单词的总数目，n 表示词嵌入的维度。词嵌入就相当于一个大矩阵，矩阵的每一行表示一个单词。代码如下。

```
import torch
from torch import nn
from torch.autograd import Variable
# 定义词嵌入
embeds = nn.Embedding(2, 5) # 2 个单词，维度 5
# 得到词嵌入矩阵
Print(embeds.weight)
```

输出结果如下。

```
Parameter containing:
-1.3426  0.7316 -0.2437  0.4925 -0.0191
-0.8326  0.3367  0.2135  0.5059  0.8326
[torch.FloatTensor of size 2×5]
```

调用 weight 属性可以输出整个词嵌入的矩阵。这个矩阵是一个可以改变的参数，在网络的训练中会不断更新，同时词嵌入的数值可以直接修改，如可以读入一个预训练好的词嵌入。代码如下。

```
# 直接手动修改词嵌入的值
embeds.weight.data = torch.ones(2, 5)
embeds.weight
```

输出结果如下。

```
Parameter containing:
1 1 1 1 1
1 1 1 1 1
[torch.FloatTensor of size 2×5]
```

如果要访问其中一个单词的词向量，可以直接调用定义好的词嵌入，并传入一个 LongTensor 类型的索引作为输入。词嵌入的获取值得关注，如果一个词嵌入是 100 维，显然不可能人为赋值，为了得到词向量，需要使用 Word2Vec 模型。

对于图像分类问题，可以使用 one-hot 编码。例如，一共有 5 类，那么属于第二类的可以用(0,1,0,0,0)来表示。对于分类问题，在自然语言处理中，因为单词的数目过多，使用 one-hot 编码不仅效率低，而且无法表达出单词的特点，所以引入了词嵌入来解决。

Word2Vec 模型用高维实数向量（词向量）表示词语，并把意思相近的词语放在相同的位置，通过使用大量的语料来训练模型，获得词向量。Word2Vec 模型可以将词从高维空间分布式映射到低维空间且保留词向量之间的位置关系，解决了向量稀疏和语义联系两个问题。Word2Vec 模型主要包括连续词袋（Continuous Bag of Words，CBOW）模型和 Skip-Gram 模型。CBOW 模型的输入是某个特定词的上下文相关词对应的词向量，而输出是这个特定词的词向量。例如在 "an efficient method for learning high quality distributed vector" 这句话中，如果选的特定词是 "learning"，上下文大小取值为 4，那么该词上下文对应的这 8 个单词就是模型的输入，输出是所有词的 Softmax 概率。Skip-Gram 模型和 CBOW 模型的思路相反，即输入是特定词的词向量，而输出是特定词对应的上下文词向量。仍以上面这句话为例，上下文大小取值为 4，特定词 "learning" 为输入，此时输出是 Softmax 概率排前 8 的 8 个词。两种模型的结构如图 7-17 所示。

下面使用 TensorFlow 构建一个 Word2Vec 模型。

步骤 1：导入依赖库。代码如下。

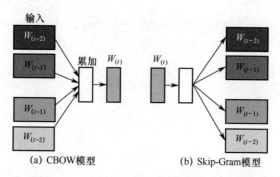

(a) CBOW模型　　　　(b) Skip-Gram模型

图 7-17　Word2Vec 采用的两种模型的结构

```
import collections
import math
import random
import zipfile
import numpy as np
from six.moves import xrange
import tensorflow as tf
```

步骤 2：获取数据。

在实验中采用 MSRP 数据集，该数据集可在微软官网下载。

从新闻源中提取微软研究释义语料库提供的 5081 对英文句子，人工注释指示每对是否捕获了释义/语义等价关系。从任何给定的新闻文章中提取的句子不超过 1 个。通过进一步处理，正确地将每个句子的信息与其出处及作者的相关信息相关联。数据结构如图 7-18 所示。

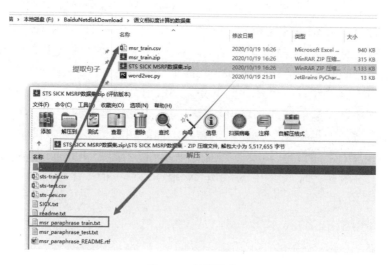

图 7-18　数据结构

仅提取文件 msr_paraphrase_train.txt 中的句子形成文件 msr_train.csv。然后将其处理成可直接训练的数据 msr_train.zip，并使用 word2vec.py 进行词向量训练。再对训练数据进行读取，用 zipfile 读取 zip 内容为字符串，并拆分成单词 list。代码如下。

```
def read_data(filename):
    with zipfile.ZipFile(filename) as f:
        data = tf.compat.as_str(f.read(f.namelist()[0])).split()
    return data


# 1.输入训练语料的文件路径（注意要去掉标注，只包含分词结果）
words = read_data('./msr_train.zip')
print('Data size', len(words))
```

这里输出实验数据集的总词量为 150524，如图 7-19 所示。

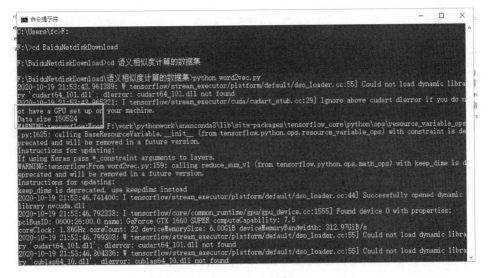

图 7-19　输出总词量

步骤 3：设置输出的词向量的词汇量。

将读入的所有句子输入 build_dataset 函数中，通过 collections.Counter 函数对句子中出现的词的词频进行统计，然后对单词进行序列化，根据单词的索引，构建数据 data，将原句子替换为索引数据。

```
def build_dataset(words, vocabulary_size):
    count = [['UNK', -1]]
    count.extend(collections.Counter(words).most_common
(vocabulary_size - 1))
```

```
        dictionary = dict()
        #对单词进行编号
        for word, _ in count:
            dictionary[word] = len(dictionary)
        data = list()
        unk_count = 0
        for word in words:
            if word in dictionary:
                index = dictionary[word]
            else:
                index = 0  # dictionary['UNK']
                unk_count += 1
            data.append(index)
        count[0][1] = unk_count
        reverse_dictionary=dict(zip(dictionary.values(),
dictionary.keys()))
        return data, count, dictionary, reverse_dictionary

    data, count, dictionary, reverse_dictionary = build_dataset
(words, vocabulary_size)
        del words
```

初始化相关参数，主要包括表示词向量的维度（embedding_size），表示输入词左右要考虑单词的数量（skip_window），表示重复使用输入词生成标签的次数（num_skips），表示计算相似性的随机词集的大小（valid_size），无放回抽样得到的样本（valid_examples），以及负采样的样本数 num_sampled。代码如下。

```
        batch_size = 128
        embedding_size = 128
        skip_window = 1
        num_skips = 2
        valid_size = 16
        valid_window = 100
        valid_examples = np.random.choice(valid_window, valid_size,
replace=False)
        num_sampled = 64  # Number of negative examples to sample
```

步骤 4：构建 Skip-Gram 模型。

首先定义训练输入数据（train_inputs）和对应的标签集（train_labels），然后构造一个 vocabulary_size × embedding_size 的矩阵。作为 embeddings 容器，该矩阵有 vocabulary_size 个容量为 embedding_size 的向量，每个向量代表一个词，每个向量中的分量值都在-1 和 1 之间随机分布。指定损失函数，并输入 embed 与

labels、负采样个数（num_sampled）、总词量（vocabulary_size）。最后计算小批量实例与 embedding 列表的数据之间的余弦相似性。

```
graph = tf.Graph()
with graph.as_default():
    # Input data
    with tf.variable_scope('input'):
        train_inputs = tf.placeholder(tf.int32, shape=[batch_
size],name='train_inputs')
        train_labels = tf.placeholder(tf.int32, shape=[batch_
size, 1],name='train_labels')
        valid_dataset = tf.constant(valid_examples, dtype=tf.
int32)

    # Ops and variables pinned to the CPU because of missing
GPU implementation
    #    with tf.device('/cpu:0'):
    # 词向量----------------------5 万个词就是 5 万行，定义 128 维特
征为 128 列***********88
    # Look up embeddings for inputs

    with tf.variable_scope('embedding'):
        #初始化词向量
        embeddings = tf.Variable(
            tf.random_uniform([vocabulary_size,
embedding_size], -1.0, 1.0),name='embedding')
        # embedding_lookup(params,ids) 其实就是按照 ids 顺序返回
params 中的第 ids 行
        # 例如，ids=[1,7,4],就是返回 params 中第 1,7,4 行。返回结果为
由 params 的 1,7,4 行组成的 tensor
        # 提取要训练的词--------------------------------不是每
次迭代 5 万个词，抽样迭代按批次就是按词的编号，把词的编号传进去
        embed = tf.nn.embedding_lookup(embeddings, train_inputs)

    with tf.variable_scope('net'):
        # Construct the variables for the noise-contrastive
estimation(NCE) loss
        #初始化权重与偏执
        nce_weights = tf.Variable(
            tf.truncated_normal([vocabulary_size,
embedding_size],
```

```
                                    stddev=1.0 / math.sqrt(embedding_
size)))
            nce_biases = tf.Variable(tf.zeros([vocabulary_size]))

        # Compute the average NCE loss for the batch
        with tf.variable_scope('loss'):
            loss = tf.reduce_mean(
                tf.nn.nce_loss(weights=nce_weights,
                            biases=nce_biases,
                            labels=train_labels,
                            inputs=embed,
                            num_sampled=num_sampled,
                            num_classes=vocabulary_size),name='loss')
            tf.summary.scalar('ece_loss',loss)

        # 构造 SGD 优化器，并指定学习率为 0.1
        optimizer = tf.train.GradientDescentOptimizer(1).minimize(loss)

    #首先进行归一化处理
        norm = tf.sqrt(tf.reduce_sum(tf.square(embeddings), 1,
keep_dims=True))
        normalized_embeddings = embeddings / norm
        # 抽取一些常用词来测试余弦相似度
        # 如果输入的是 64，那么对应的 embedding 是 normalized_embeddings 第
64 行的 vector
        valid_embeddings = tf.nn.embedding_lookup(
            normalized_embeddings, valid_dataset)
        # valid_size == 16
        # [16,1] * [1*50000] = [16,50000]
        #计算相似度
        similarity = tf.matmul(
            valid_embeddings, normalized_embeddings, transpose_b=
True)

        # 初始化全局变量
        init = tf.global_variables_initializer()
```

步骤 5：训练数据获取。

在进行训练之前，首先定义一个函数 generate_batch。该函数用来处理全部的索引数据（data），并得到训练数据集（label）。在该过程中，首先选句子中间

的一个词作为输入词（input word），如选取"dog"。有了输入词以后，再定义参数 skip_window，它表示从当前的一侧（左边或右边）选取词的数量。这里设置 skip_window = 2，那么最终获得窗口中的词（包括输入词在内）就是［'The'、'dog'、'barked'、'at'］。skip_window = 2 表示选取输入词左侧 2 个词和右侧 2 个词进入窗口，所以整个窗口大小 span= 2 × 2 = 4。参数 num_skips 表示从整个窗口中选取多少个不同的词作为输出词，当 skip_window = 2，num_skips = 2 时，将得到两组形式为（input word, output word）的训练数据，即（'dog', 'barked'），（'dog', 'the'）。代码如下。

```
def generate_batch(batch_size, num_skips, skip_window):
    global data_index
    assert batch_size % num_skips == 0
    assert num_skips <= 2 * skip_window

    batch = np.ndarray(shape=(batch_size), dtype=np.int32)
    labels = np.ndarray(shape=(batch_size, 1), dtype=np.int32)
    span = 2 * skip_window + 1  # [ skip_window target skip_window ]

    buffer = collections.deque(maxlen=span)

    for _ in range(span):
        buffer.append(data[data_index])
        #依旧每次取一部分随机数据传入，等距离截取一小段文本
        data_index = (data_index + 1) % len(data)
    # 获取 batch 和 labels
    # 构造标签：在每个截取窗口中，除 train_data 之外的部分，随机取几个
    成为一个 list，作为 label（这里只随机取了一个）
    for i in range(batch_size // num_skips):
        target = skip_window  # 构造训练集：每个截取窗口的中间位置作
    为一个 train_data
        targets_to_avoid = [skip_window]
        # 循环 2 次，一个目标单词对应两个上下文单词
        for j in range(num_skips):
            while target in targets_to_avoid:
                # 可能先拿到前面的单词，也可能先拿到后面的单词
                target = random.randint(0, span - 1)
            targets_to_avoid.append(target)
            batch[i * num_skips + j] = buffer[skip_window]
            labels[i * num_skips + j, 0] = buffer[target]
        buffer.append(data[data_index])
        data_index = (data_index + 1) % len(data)
```

```
        # Backtrack a little bit to avoid skipping words in the
end of a batch
        # 回溯 3 个词。因为执行完一个 batch 的操作之后，data_index 会向右多
偏移 span 个位置
        data_index = (data_index + len(data) - span) % len(data)
        return batch, labels
```

步骤 6：训练模型。

tf.Session 用来运行 TensorFlow 操作的类，一个 session 对象封装操作执行对象的环境，只有在这个环境下才可以对 tensor 对象进行计算，tensor 对象不仅可以实现计算操作，也负责分配计算资源和变量存放。首先在步骤 3 中创建一个计算图（其中有操作、tensor 对象），然后基于创建一个 session，最后执行计算。

在训练过程中，主要用到了 tf.summary() 的各类方法，能够保存训练过程和参数分布图。在使用前文定义的变量前，定义一个初始化操作 init()。

```
    init = tf.global_variables_initializer()
```

步骤 4 中定义了程序使用的变量，这里在 session 启动后对变量进行初始化。

```
    with tf.Session(graph=graph) as session:
        print("启动 session")
        merge = tf.summary.merge_all()
        init.run()
        train_writer = tf.summary.FileWriter('log')
        average_loss = 0
```

调用 session.run() 方法执行操作或求变量的值。函数 tf.Session.run(fetches, feed_dict=None) 包含两个输入：fetches 和 feed_dict。fetches 是一个 list，包含想输出的一个或多个 graph 元素，feed_dict 是一个 dict，包括需要输入的参数名称和实际参数传入的 key_value 对。通过运行需要的 graph 片段来执行每个操作，计算 fetches 中的每个变量，用 feed_dict 中的值替换相应的输入值，并通过评估优化器操作（包括在返回的值列表中）执行一个更新步骤。

```
    for step in xrange(num_steps):
        batch_inputs, batch_labels = generate_batch(
            batch_size, num_skips, skip_window)
        feed_dict = {train_inputs: batch_inputs, train_labels:
batch_labels}

        # 通过评估优化器操作（将其包括在返回的值列表中）执行一个更新步骤
```

```
                _,  loss_val,  summary_train  =  session.run([optimizer,
loss, merge], feed_dict=feed_dict)
            average_loss += loss_val
            train_writer.add_summary(summary_train, step)

            # print("batch_inputs:%s  batch_labels:%s" % (batch_
inputs,batch_labels))


            # 每 2000 次迭代，打印损失值
            if step % 2000 == 0:
                if step > 0:
                    average_loss /= 2000
                # The average loss is an estimate of the loss over
the last 2000 #batches
                print("Average loss at step ", step, ": ", average_ loss)
                average_loss = 0

            # 每 2000 次迭代，随机抽一个词，并打印周围的相似词
            if step % 2000 == 0:
                sim = similarity.eval()
                # 计算验证集的余弦相似度最高的词
                for i in xrange(valid_size):
                    # 根据 id 拿到对应单词
                    valid_word = reverse_dictionary[valid_examples[i]]
                    top_k = 8  # number of nearest neighbors
                    # 从大到小排序，排除自身，取前 top_k 个值
                    nearest = (-sim[i, :]).argsort()[1:top_k + 1]
                    log_str = "Nearest to %s:" % valid_word
                    for k in xrange(top_k):
                        close_word = reverse_dictionary[nearest[k]]
                        log_str = "%s %s," % (log_str, close_word)
                    print(log_str)

        # 训练结束得到的全部词的词向量矩阵
            final_embeddings = normalized_embeddings.eval()

        # 常规记录日志文件
        writer = tf.summary.FileWriter("log", session.graph)
```

最后，每 2000 次迭代打印损失值，并对训练的词向量进行测试，随机抽取

一个词，并打印周围相似词。最终得到全部词的词向量矩阵，并将所有的词向量保存到本地文件。

```
        e = open('./msr_embeddings','w', encoding='utf-8')

        e.write(str(vocabulary_size)+" "+str(embedding_size)+'\n')
        for index in range(len(final_embeddings)):
            embedding_list = final_embeddings[index].tolist()
            # print(embedding_list)
            embedding_str = " ".join('%s' % id for id in embedding_
list)
            e.write(str(reverse_dictionary[index])+" "+str(embedding_
str)+'\n')

        e.close()
```

训练过程中输出部分单词余弦相似度最高的前 8 个单词，输出结果如图 7-20 所示。

```
Nearest to not: Ozzy, heard, Sen, president, drawn, seized, immediate, Intel,
Nearest to who: unwanted, Java, often, nonmanufacturing, PC, station, reflect, West,
Nearest to a: the, UNK, UAL, statewide, General, taking, CIBC, lack,
Nearest to after: midday, longlived, connection, use, voted, Elizabeth, package, us,
Nearest to points: view, cost, option, Bluetooth, significant, politics, couples, cities,
Nearest to The: the, for, fighting, blush, kitchen, right, focus, choice,
Nearest to at: ordered, Cuomo, Four, dogs, bonds, last, Stevens, Rights,
Nearest to but: blast, due, we, little, mutual, some, bombing, OBrien,
Nearest to Mr: meeting, how, play, world, Assembly, For, Douglas, plea,
Nearest to no: remains, history, moved, software, Falluja, controlled, CEO, big,
Nearest to company: abortions, America, infected, available, boats, water, task, public,
Nearest to as: hailed, 38, threatening, Composite, building, Hamas, Matrix, won,
Nearest to by: for, wrong, Bluetooth, Voyager, finance, Afghanistan, better, improve,
Nearest to Friday: State, completely, Supreme, GJ, Center, Edward, bitter, month,
Nearest to time: Ericsson, bill, Salazar, independence, American, Infineon, recent, months,
Nearest to I: Alcoa, hostile, emails, tax, retailers, 64, Sony, coming,
```

图 7-20　输出关联性单词

步骤 7：结果可视化。

首先定义一个二维画图的函数，采用 plt.scatter 构建散点图，然后用函数 plt.annotate()标注文字。代码如下。

```
        def plot_with_labels(low_dim_embs,labels,filename='./msr_
embeddings.png'):
            assert low_dim_embs.shape[0] >= len(labels), "More labels
```

```
than embeddings"
        # 设置图片大小
        plt.figure(figsize=(15, 15))  # in inches
        for i, label in enumerate(labels):
            x, y = low_dim_embs[i, :]
            plt.scatter(x, y)
            plt.annotate(label,
                        xy=(x, y),
                        xytext=(5, 2),
                        textcoords='offset points',
                        fontproperties = 'SimHei',
                        fontsize = 14,
                        ha='right',
                        va='bottom')
        plt.savefig(filename)
```

TSNE 提供了一种有效的降维方式，对高于二维数据的聚类结果以二维的方式展示出来。代码如下。

```
try:
    from sklearn.manifold import TSNE
    import matplotlib.pyplot as plt

    tsne = TSNE(perplexity=30, n_components=2, init='pca',
n_iter=5000, method='exact')  # mac: method='exact'
    # 画 300 个点
    plot_only = 300
    #每个词 reverse_dictionary 对应每个词向量 final_embeddings
    low_dim_embs = tsne.fit_transform(final_embeddings[:plot_
only, :])
    labels = [reverse_dictionary[i] for i in xrange(plot_
only)]
    plot_with_labels(low_dim_embs, labels)

except ImportError:
    print("Please install sklearn, matplotlib, and scipy to
visualize embeddings.")
```

通过对 Word2Vec 模型处理后得到的词向量进行降维处理后再进行可视化，展示的部分单词的词向量（高维词向量）的二维聚类结果如图 7-21 所示。由图可知所有单词之间的相似程度，距离越近的单词相似程度越高。

上述只是 Word2Vec 模型的简单操作和应用，在此基础上可以进一步处理常见的文本语义分析任务，如近似词查找、信息检索、文档主体判别等。

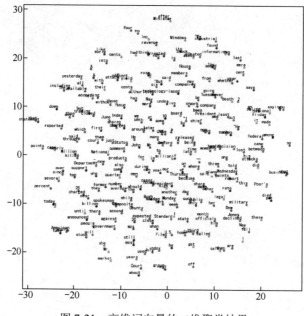

图 7-21 高维词向量的二维聚类结果

7.4.2 文本分类和情感分析

文本分类是自然语言处理的一个基本任务，应用非常广泛，如垃圾邮件分类、情感分析、新闻主题分类、自动问答系统中的问句分类等。近年来，深度学习算法被应用于自然语言处理领域，获得了比传统模型更优秀的成果。例如，Bengio 等学者基于深度学习的思想构建了神经概率语言模型，并进一步利用各种深层神经网络在大规模英文语料上进行语言模型的训练，得到了较好的语义表征，完成了句法分析和情感分类等常见的自然语言处理任务，为大数据时代的自然语言处理提供了新的思路。经过测试，基于深度神经网络的情感分析模型的准确率往往达到95%以上，具有较好的实用性。

7.4.3 机器翻译

机器翻译是指使用机器将一种语言的源序列（句子、段落、文档）翻译成另一种语言的相应目标序列或向量。由于语言表达的多样性，一句话的语义可以有多种不同的翻译方式，因此，翻译本质上是一对多的，翻译函数建模为条件性的而不是确定性的。在神经机器翻译中，神经网络学习根据数据而不是一组设计规则进行翻译。由于时间序列数据的上下文和单词顺序很重要，因此神经机器翻译选择的网络是 RNN。神经机器翻译可以通过一种被称为"注意力机制"的技术来提升翻译模型的性能和表现。注意力机制有助于翻译模型将注意力集中在输入序列的关键部分，从而提供更准确、更具语义连贯性的翻译结果。神经机器翻译的工作原理如图 7-22 所示。

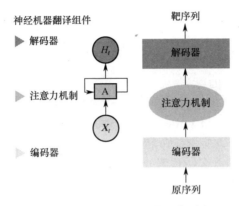

图 7-22　神经机器翻译的工作原理

在机器翻译任务中，可以使用 RNN 将文本从一种语言翻译成另一种语言。机器翻译过去通过人工标记的特征和许多复杂的条件来完成翻译任务，这些条件不但难以理解，而且需要很长时间才能完成。RNN 通过对步骤的省略提高了语言翻译的效率。图 7-23 为使用 RNN 翻译文本的大致原理。

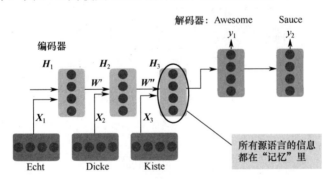

图 7-23　使用 RNN 翻译文本的大致原理

整个过程可简单地描述为：首先计算输入文本的词嵌入，然后将词嵌入输入 RNN 中进行特征提取，最后将提取的特征输入解码器中实现文本的翻译。首先在 RNN 中将词向量 X_t 乘以权重矩阵 W'，然后将先前节点计算出的隐藏层输出乘以不同的权重矩阵 W''，最后将这两次计算的结果相加，并应用 ReLU、Tanh 等非线性函数实现非线性输出，得到下一个隐藏状态 H_t。对输入的句子重复此过程。为表明模型语句的结束，一般会有一个停止标记（如句号）表示已经到达句子的结尾。模型需要学习到文本的输出中停止标记的预测位置，模型一旦到达停止标记，就进入解码器开始生成输出向量。为了从解码器中获得每个时间步的输出 y，权重矩阵 $\boldsymbol{W}^{(S)}$ 需要乘以编码器中所获得向量的输出，并应用 Softmax 函数来获得最终输出。具体计算如式（7-21）和式（7-22）所示。

$$\boldsymbol{H}_t = \sigma(\boldsymbol{W'H}_{t-1} + \boldsymbol{W''X}_t) \tag{7-21}$$

$$\hat{y} = \mathrm{softmax}(\boldsymbol{W}^{(S)}\boldsymbol{H}) \tag{7-22}$$

7.4.4　命名实体识别

命名实体识别（Named Entity Recognition，NER）是自然语言处理中的一项基础任务，应用范围非常广泛。命名实体一般指的是文本中具有特定意义或指代性强的实体，通常包括人名、地名、组织机构名、日期、专有名词等。NER 系统可以从非结构化的输入文本中抽取出上述实体，并且按照业务需求识别出更多类别的实体，如产品名称、型号、价格等。因此，"实体"这个概念可以很广，只要是业务需要的特殊文本片段都可以称为实体。

NER 一直是自然语言处理领域的研究热点。从早期基于规则和字典的方法，到基于传统机器学习的方法，到基于深度学习的方法，再到近期基于注意力模型等的方法，NER 的研究趋势大致如图 7-24 所示。

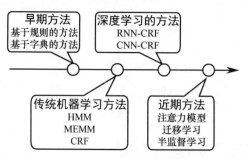

图 7-24　NER 的研究趋势

在基于机器学习的方法中，NER 被当作序列标注问题。它利用大规模语料学习标注模型，对句子的各个位置进行标注。NER 任务中的常用模型包括隐马尔可夫模型（Hidden Markov Model，HMM）、条件随机场（Conditional Random Field，CRF）模型。前者属于生成式模型，后者属于判别式模型。CRF 是 NER 目前的主流模型，其目标函数不仅考虑输入的状态特征函数，而且包含标签转移特征函数。CRF 的优点在于其在为一个位置进行标注的过程中可以利用丰富的内部及上下文特征信息。传统的基于特征的方法需要大量的工程技巧与领域知识，而深度学习不需要过于复杂的特征工程，可以从输入中自动发掘信息并学习信息的表示，而且通常这种自动学习取得的效果非常可期。NER 可以利用深度学习非线性的特点，从输入到输出建立非线性的映射，一个基于 CNN 和 LSTM 网络的模型架构（CNN–LSTM 架构）如图 7-25 所示。BiLSTM+CRF 是目前比较流行的序列标注算法，其将 BiLSTM 和 CRF 结合在一起，使模型既可以像 CRF 一样考虑序列前后之间的关联性，又可以拥有 LSTM 的特征抽取与拟合能力。

图 7-25　CNN–LSTM 架构

NER 虽然是自然语言处理中的基础性、关键性问题，但由于英文的天然优势，大部分国外学者认为英文 NER 问题能够得到很好的解决。而中文的分词结构和实体的复杂度导致人们在解决中文 NER 问题中面临很大的困扰。

7.5　卷积神经网络与循环神经网络

7.5.1　卷积神经网络与循环神经网络的对比

CNN 和 RNN 的主要区别在于 RNN 能够处理序列中的时间信息或数据，因此，CNN 和 RNN 用于完全不同的目的，两者的结构也存在差异。CNN 在卷积层内使用卷积来转换数据；而 RNN 重用来自序列中其他数据点的激活函数来生成序列中的下一个输出。CNN 和 RNN 的直观比较如图 7-26 所示。

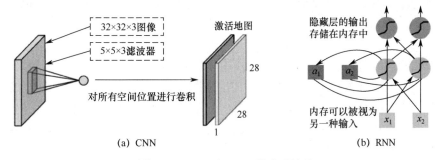

(a) CNN　　　　　　　　　　　　　　　(b) RNN

图 7-26　CNN 和 RNN 的直观比较

CNN 与 RNN 的共同点是，两者都是对传统神经网络的扩展，都采用了正向传播与反向传播的模型更新方式，每层神经网络横向可以多个神经元共存，纵向可以有多层神经网络连接。不同点是 CNN 更关注样本的空间结果，核心在于卷积的实现；RNN 更关注样本的时间序列信息，能够对多个时间输出计算，同时 RNN 可以用于描述时间上连续状态的输出，能够从结构上实现记忆功能。从网络的深度而言，目前主流的深度 CNN 的深度可达 100 多层，而现有的 RNN 模型深度相对有限。

7.5.2 卷积神经网络与循环神经网络的组合应用

通过对 CNN 与 RNN 的对比可知，CNN 在空间信息的处理上表现更加出色，而 RNN 在时序数据的处理上更胜一筹。实际上，生活中的很多数据往往同时包含空间信息与时序信息，只有将这些信息组合使用，才能得到更加精确的判断。因此，在很多研究领域时常可以看到 CNN 与 RNN 共同作用的场景。例如，在图片标注中，CNN 用于特征提取，RNN 则用于生成与图片相关的语句标注，如图 7-27 所示。

"lady in white shirt palying guitar"
穿白衬衫弹吉他的女士

"construction worker in orange safety vest is working on road"
穿橙色安全背心的建筑工人正在路上工作

"a young boy is playing with Lego toy"
一个小男孩在玩乐高玩具

"two ladies running by the river"
在河边跑步的两位女士

"lady in pink coat jumping in the air"
在空中跳跃的穿粉红色外套的女士

"yellow dog jumps over bar"
黄色的狗跳过栏杆

"young girl in white shirt is swinging on the swing"
穿白色衬衫的小女孩在荡秋千

"a man in a blue swimming cap is swimming"
一个戴着蓝色泳帽的男人在游泳

图 7-27　CNN 与 RNN 组合应用生成的图片标注

视频的理解与识别是计算机视觉的基础任务之一。随着视频设备和网络的不断发展，视频理解吸引了越来越多研究者的关注。识别视频中的动作是一项充满挑战而又具有较高实际应用价值的任务。近年来，神经网络在图像识别、物体检测等计算机视觉任务中取得了几乎超越人类的成果，研究者在视频任务中也越来越多地开始使用神经网络。然而，直接将用于图像分类的神经网络用于视频分类会忽略视频的时序特征，而时序特征对于视频分类尤其重要。对于视频的分析处理关键在于对时序特征的学习和理解，而且网络输入和输出都应该是变长的，这样才符合真实的场景。在深度学习中能够较好地表达序列化特征的网络架构就是 RNN，其中表现较优的 RNN 变体是 LSTM 网络，故 LSTM 网络与 CNN 结合能够更完整地学习空间特征与时间特征。使用 CNN-RNN 的视频分类架构如图 7-28 所示。

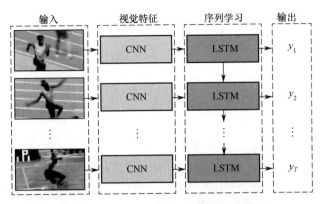

图 7-28 使用 CNN-RNN 的视频分类架构

深度学习在短文本处理领域也有较多的应用。CNN 的卷积与池化操作可以很好地应用于局部特征的抽取，利用 LSTM 网络，通过引入存储单元和门控机制可以捕获序列中的长期依赖关系，决定如何利用和更新存储单元中的信息，进而获得更持久的记忆，提升深度计算的优势。因此，可以结合 CNN 和 LSTM 进行情感分类，利用 CNN 提取句子特征，包括句子的二元特征和三元特征，以此为基础，联合利用 LSTM 模型与 Softmax 函数对短文本的情感倾向进行分类。诸多实验表明，相对于机器学习方法 KNN、SVM 和基本的神经网络模型，LSTM 模型与 CNN 模型的结合应用能够显著提升处理性能。

7.6 案例：深度学习的诗歌生成

因为每句话都是由单词或汉字按照序列顺序组成的，所以可以将文本看作一个序列，使用擅长处理序列问题的 RNN 对其进行处理。在 RNN 的变体中，LSTM 网络经常用于序列预测，因此在自然语言处理领域很常用。本案例利用 LSTM 网络搭建一个简单的诗歌自动生成器，具体展示网络模型的训练及测试的步骤。

实验之前先介绍 PyTorch 中 LSTM 的参数。PyTorch 中的 LSTM 单元接收的输入必须是三维张量，每一维代表的含义各不相同。第一维表示序列结构，即序列的个数，以文本分类为例，就是 LSTM 神经元的每个句子的长度；第二维表示 batch_size，即一次性输入网络的句子数量；第三维表示输入的元素，即每个具体的单词用向量表示的维数。代码如下。

```
class torch.nn.LSTM(*args, **kwargs)
    input_size: x 的特征维度
        hidden_size: 隐藏层的特征维度
        num_layers: lstm 隐藏层的层数，默认为 1
        bias: 若为 False，则 bih=0 和 bhh=0，默认为 True
```

batch_first：若为 True，则输入输出的数据格式为 (batch, seq, feature)

dropout：除最后一层外，每层的输出都进行 dropout，默认为 0

bidirectional：若为 True，则为双向 LSTM，默认为 False

输入：input, (h0, c0)

输出：output, (hn,cn)

7.6.1　步骤 1：导入依赖库

在初始阶段导入相关的包，如 torch、numpy，Dataset 和 DataLoader 的相关包，以及优化 optim。在 Python 中，一般在每份代码文件的开头放置该文件所需的所有依赖库。本节案例所需导入的相关计算模块及画图模块如下。

```python
import torch
import os
from torch import nn
import numpy as np
from torch.utils.data import Dataset,DataLoader
import torch.optim as optim
from torch.utils.tensorboard import SummaryWriter
# from tqdm.notebook import tqdm
from tqdm import tqdm
```

首先定义相关的配置文件和路径。构建一个字典转对象的类，通过该函数类将神经网络的配置参数字典转换为对象，方便后续调用参数时直接使用，同时方便访问对象属性实例。例如，可以通过 Config 来调用参数名称，通过映射 map 可以查询到参数的初始化数值。这样在对参数进行初始化定义的时候就比较简单了。通过 Config 定义所使用的唐诗数据集的路径 poem_path、词嵌入的维度 embedding_dim、隐藏层的大小 hidden_dim、LSTM_layers 的层数及初始化学习率。代码如下。

```python
class DictObj(object):
    # 私有变量是map
    def __init__(self, mp):
        self.map = mp
        # print(mp)

    def __setattr__(self, name, value):
        if name == 'map':
            # print("init set attr", name ,"value:", value)
            object.__setattr__(self, name, value)
            return
```

```
        # print('set attr called ', name, value)
        self.map[name] = value
# 之所以自己新建一个类，就是为了能够实现直接调用名字的功能
    def __getattr__(self, name):
        # print('get attr called ', name)
        return self.map[name]


Config = DictObj({
    'poem_path' : "./tang.npz",
    'tensorboard_path':'./tensorboard',
    'model_save_path':'./modelDict/poem.pth',
    'embedding_dim':100,
    'hidden_dim':1024,
    'lr':0.001,
    'LSTM_layers':3
})
```

7.6.2　步骤 2：读取数据

本实验采用数据集 tang.npz，其中含有 57 580 首唐诗，每首诗限定在 125 个词，不足 125 个词的以空格填充。数据集以 npz 文件的形式保存，将诗词中的字转化为其在字典中的序号表示。在数据读取部分定义一个数据可视化函数，在这个函数中首先加载唐诗数据集。这里调用的是一个经过数据处理的唐诗文件。data 部分每首唐诗数据都被格式化成 125 个字符，用 Start 作为开始，用 EOP 作为结束，空余用 "<space>" 表示。ix2word 和 word2ix 是汉字的字典索引，ix2word 为序号到字的映射，word2ix 为字到序号的映射。接下来初始化一个 1×125 的列表，之后随机从 data.shape 中抽取一个整数作为索引的行。对列表进行遍历，并且全部加入 word_data 中。最后可以通过 print(word_data)随机查看其中一首诗。代码如下。

```
def view_data(poem_path):
    datas = np.load(poem_path,allow_pickle=True)
    data = datas['data']
    ix2word = datas['ix2word'].item()
    word2ix = datas['word2ix'].item()
    word_data = np.zeros((1,data.shape[1]),dtype=np.str)  # 这
样初始化后值会保留第一个字符，所以输出中的'<START>' 变成了'<'
    row = np.random.randint(data.shape[0])
    for col in range(data.shape[1]):
        word_data[0,col] = ix2word[data[row,col]]
    print(data.shape) #(57580, 125)
```

```
            print(word_data)#随机查看

      view_data(Config.poem_path)
```

　　运行上述代码，可以看到输出是 57 580 首诗，每首诗的维度是 125。输出的唐诗示例如图 7-29 所示。由图可知，每个字符占一个位置，而且这 125 个字符中大部分是空格数据。如果不去除空格数据，模型的预测中会生成相应的预测空格值，而这部分数据对诗主体内容的预测没有起到作用，仅作为占位符使用，所以在输入模型数据前需要将空格数据去除。

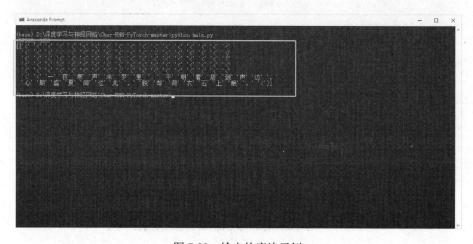

图 7-29　输出的唐诗示例

7.6.3　步骤 3：构造数据集

　　初步了解数据的样式和结构后，可以定义一个数据读取与预处理的函数类 PoemDataSet，进一步对数据进行预处理。首先利用 get_raw_data 进行数据解析，分别对数据中的 data、ix2word 和 word2ix 进行读取和保存。然后构建 filter_space 函数将 poem_data 中的空格数据去除，将诗歌向量逐个遍历，添加到新的一维列表中，得到 no_space_data，根据索引得到迭代训练的数据和标签。在 __getitem__ 中根据数据的长度重新划分无空格的数据集，得到每个数据的标签。标签其实就是每个汉字的下一个字，如"床前明月光"对应的标签是"床前明月光，疑"。得到返回值数据列表（txt）和数据标签（label）之后，通过 DataLoader 将处理好的诗词向量变成可迭代训练的批数据形式。

```
      class PoemDataSet(Dataset):
         def __init__(self, poem_path, seq_len):
             self.seq_len = seq_len
             self.poem_path = poem_path
```

```
                self.poem_data, self.ix2word, self.word2ix = self.get_
raw_data()
                self.no_space_data = self.filter_space()

        def __getitem__(self, idx: int):
                txt = self.no_space_data[idx * self.seq_len: (idx + 1) *
self.seq_len]
                label = self.no_space_data[idx * self.seq_len + 1:
(idx + 1) * self.seq_len + 1]  # 将窗口向后移动一个字符就是标签
                txt = torch.from_numpy(np.array(txt)).long()
                label = torch.from_numpy(np.array(label)).long()
                return txt, label

        def __len__(self):
                return int(len(self.no_space_data) / self.seq_len)

        def filter_space(self):
                t_data = torch.from_numpy(self.poem_data).view(-1)
                flat_data = t_data.numpy()
                no_space_data = []
                for i in flat_data:
                    if (i != 8292):
                        no_space_data.append(i)
                return no_space_data

        def get_raw_data(self):
                # datas = np.load(self.poem_path,allow_pickle=True)
                #numpy 1.16.2  以上引入了 allow_pickle
                datas = np.load(self.poem_path,allow_pickle=True)
                data = datas['data']
                ix2word = datas['ix2word'].item()
                word2ix = datas['word2ix'].item()
                return data, ix2word, word2ix

    poem_ds = PoemDataSet(Config.poem_path, 48)
    ix2word = poem_ds.ix2word
    word2ix = poem_ds.word2ix
    print(poem_ds[0])
    poem_loader = DataLoader(poem_ds,
                            batch_size=16,
                            shuffle=True,
                            num_workers=0)
```

对 PoemDataSet 进行实例化。考虑到唐诗主要分为五言绝句和七言绝句，加上一个标点符号后字数分别为 6 个和 8 个，因此选择公约数 48 为划分的数据大小，可以刚好凑齐 8 句五言或 6 句七言，符合唐诗的一个偶数句对。输出一首诗的向量形式如图 7-30 所示。

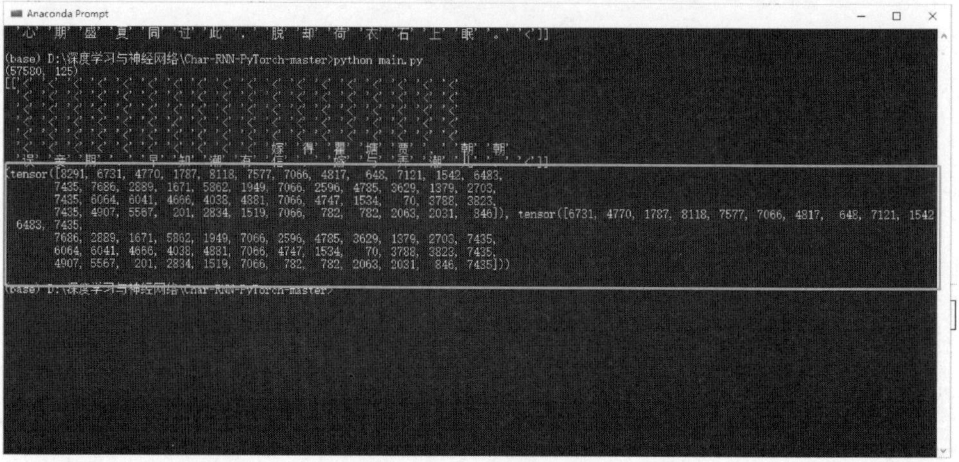

图 7-30　输出一首诗的向量形式

7.6.4　步骤 4：构造模型

数据构造完成后可以进一步构建模型。输入的字词序号经过 nn.Embedding() 处理得到相应词的词向量表示，然后利用三层 LSTM 网络提取词的所有隐藏元信息，再利用隐藏元信息进行分类，判断输出属于每个词的概率，具体实现函数包括词向量初始化（self.embeddings）、LSTM 网络层（self.lstm）和全连接层（self.classifier）。在 forward() 函数中定义网络的顺序结构，首先使用 embedding 层将汉字转化为一个向量，主要输入参数为词汇大小和每个向量的表示维度，相比 one-hot 编码，词嵌入可以更好地表示汉字的语义，同时减少特征的维度，向量化后使用 LSTM 网络来进行特征提取。LSTM 网络的层数选择 3 层，即将 layers 设置为 3。输出维度是 hidden_dim，使用三层的全连接 nn.Linear() 再做进一步处理。这里的全连接层选择的是 ReLU 激活函数。

```
import torch.nn.functional as F
class MyPoetryModel_tanh(nn.Module):
    def __init__(self, vocab_size, embedding_dim, hidden_dim):
        super(PoetryModel, self).__init__()
        self.hidden_dim = hidden_dim
        self.embedding = nn.Embedding(vocab_size, embedding_dim)
        self.lstm = nn.LSTM(embedding_dim, self.hidden_dim,
```

```
num_layers=3)
            self.classifier=nn.Sequential(
                nn.Linear(self.hidden_dim, 512),
                nn.ReLU(inplace=True),
                nn.Linear(512, 2048),
                nn.ReLU(inplace=True),
                nn.Linear(2048, vocab_size) )
        def forward(self, inputs, hidden = None):
            seq_len, batch_size = inputs.size()

            if hidden is None:
                h_0 = inputs.data.new(3, batch_size, self.hidden_
dim).fill_(0).float()
                c_0 = inputs.data.new(3, batch_size, self.hidden_
dim).fill_(0).float()
            else:
                h_0, c_0 = hidden
            embeds = self.embedding(inputs)
            output, hidden = self.lstm(embeds, (h_0, c_0))
            output = self.classifier(output.view(seq_len * batch_
size, -1))
            return output, hidden
```

　　定义 topk 的准确率计算。Top-1 错误率表示对于一个 data，只判断概率最大的结果是否为正确答案。Top-5 错误率表示对于一个 data，判断概率排名前 5 者中是否包含正确答案。基于这一思想，首先通过 topk 获取预测概率最大的前 k 个值的索引。之后通过 view(1,−1)自动转换为大小为 1 的形状，通过 expand 把它扩展到 pred 值的形状，通过 ep 进行对应元素的比较。随后与正确的标签序列形成的矩阵相比，形成 True/False 矩阵。取前 k 个数据平铺到一维来计算总的 True 个数，将正确的个数除以总个数并将结果转换为百分数，这就是 topk 的准确率计算。最后定义 AvgrageMeter 类来保存和更新准确率的结果，这样可以使代码更加规范。代码如下。

```
# topk 的准确率计算
def accuracy(output, label, topk=(1,)):
    maxk = max(topk)
    batch_size = label.size(0)

    # 获取前 k 个值的索引
    _, pred = output.topk(maxk, 1, True, True)  # 使用 topk 来获
得前 k 个值的索引
    pred = pred.t()  # 进行转置
```

```
    # eq 按照对应元素进行比较,view(1,-1) 可将 label 转换为行向量,
expand_as(pred) 扩展到 pred 的 shape
    # expand_as 执行按行复制来扩展，要保证列相等
    correct = pred.eq(label.view(1, -1).expand_as(pred))
  # 与正确的标签序列形成的矩阵相比，生成 True/False 矩阵
  # print(correct)

    rtn = []
    for k in topk:
        correct_k = correct[:k].view(-1).float().sum(0)  # 前 k
行的数据 然后平铺到一维，以计算 True 的总个数
        rtn.append(correct_k.mul_(100.0 / batch_size))  # 正确
的个数/总个数
    return rtn

class AvgrageMeter(object):
    def __init__(self):
        self.reset()
    def reset(self):
        self.avg = 0
        self.sum = 0
        self.cnt = 0
    def update(self, val, n=1):
        self.sum += val * n
        self.cnt += n
        self.avg = self.sum / self.cnt
```

7.6.5 步骤 5：训练过程

前面的步骤定义了数据处理与网络结构，本步骤具体定义训练函数（train）。在该函数中，首先初始化 Top-1 的准确率，然后在每个轮次中对不同输入批次的数据进行循环训练。这里同时引用 tqdm 展示模型训练的进度，通过设置 set_description 添加需要可视化的相关参数，并把输入（inputs）和标签（labels）复制到 device 指定的 GPU 中计算。因为输出（outputs）经过平整，所以 labels 也要经过平整以实现数据对齐。之后初始化梯度 optimizer.zero_grad()，并将 inputs 输入所定义的模型（model）中进行正向传播，根据模型输出值与数据的真实 labels 计算当前的损失并进行梯度更新。最后输出预测值 topk 的精度。精度计算后进行 Top-1 的更新，计算平均损失并输出。代码如下。

```
    def train(epochs, train_loader, device, model, criterion,
optimizer, scheduler, tensorboard_path):
```

```
        model.train()
        top1 = AvgrageMeter()
        model = model.to(device)
        for epoch in range(epochs):
            train_loss = 0.0
            train_loader = tqdm(train_loader)
            train_loader.set_description('[%s%04d/%04d  %s%f]'  %
('Epoch:', epoch + 1, epochs, 'lr:', scheduler.get_lr()[0]))
            for i, data in enumerate(train_loader, 0):  # 0 是下标
起始位置，默认为 0
                inputs, labels = data[0].to(device), data[1].to
(device)
                # print(' '.join(ix2word[inputs.view(-1)[k] for k
in inputs.view(-1).shape.item()]))
                labels = labels.view(-1)  # 因为 outputs 经过平整，所以
labels 也要经过平整以对齐
                # 初始为 0，清除上一个 batch 的梯度信息
                optimizer.zero_grad()
                outputs, hidden = model(inputs)
                loss = criterion(outputs, labels)
                loss.backward()
                optimizer.step()
                _, pred = outputs.topk(1)
                prec1, prec2 = accuracy(outputs, labels, topk=(1, 2))
                n = inputs.size(0)
                top1.update(prec1.item(), n)
                train_loss += loss.item()
                postfix = {'train_loss': '%.6f' % (train_loss/(i + 1)),
'train_acc': '%.6f' % top1.avg}
                train_loader.set_postfix(log=postfix)

                # break
                # ternsorboard 曲线绘制
                if os.path.exists(Config.tensorboard_path) == False:
                    os.mkdir(Config.tensorboard_path)
                writer = SummaryWriter(tensorboard_path)
                writer.add_scalar('Train/Loss', loss.item(), epoch)
                writer.add_scalar('Train/Accuracy', top1.avg, epoch)
                writer.flush()
            scheduler.step()


    print('Finished Training')
```

实例中还利用 tensorboardX 记录模型训练过程中的损失和精度变化，日志文件保存在 tensorboard_path 中，具体可以通过在命令行中输入 tensorboard --logdir=xxx --port 6006 来得到训练日志的 Web 展示界面。需要注意的是，在训练过程中可能存在损失（Loss）上升的情况，这是由于训练后期学习率过大导致的，解决办法是使用学习率动态调整策略。这里选择根据固定步长调整学习率的方法，即每过 10 个轮次学习率调整为原来的 0.1。定义好训练函数后进行实例化，完成模型训练过程。代码如下。

```
model = MyPoetryModel_tanh(len(word2ix),
        embedding_dim=Config.embedding_dim,
        hidden_dim=Config.hidden_dim)
device = torch.device("cuda:0" if torch.cuda.is_available()
else "cpu")
epochs = 30
optimizer = optim.Adam(model.parameters(), lr=Config.lr)
scheduler = torch.optim.lr_scheduler.StepLR(optimizer, step_
size = 10,gamma=0.1)#学习率调整
criterion = nn.CrossEntropyLoss()
print(model)
train(epochs, poem_loader, device, model, criterion, optimizer,
scheduler, Config.tensorboard_path)
```

由图 7-31 可以看出，在每个轮次训练结束后，利用 tqdm 输出当前训练进度百分比、数据训练进度索引与总数据长度，以及模型在训练集上的精度和损失。

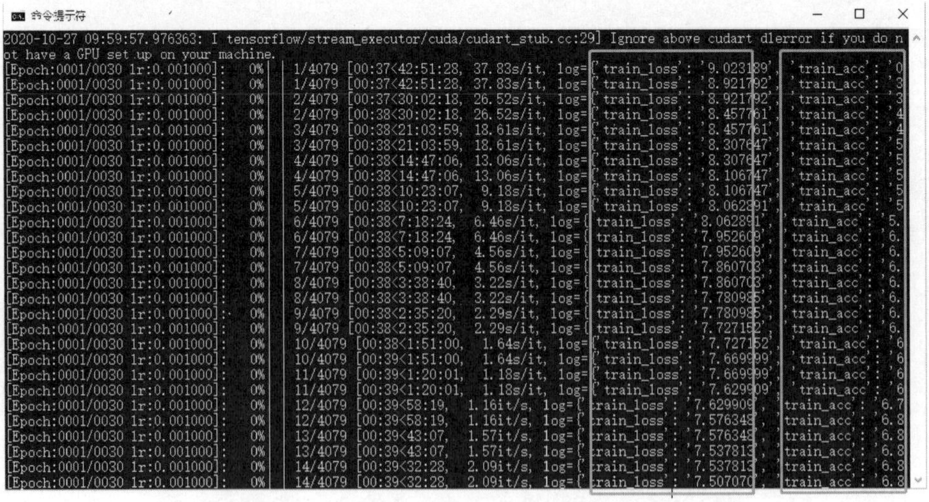

图 7-31　每次训练后的输出模型精度和训练损失

7.6.6 步骤 6：生成文本

定义唐诗生成函数。首先定义 start_words，将输入的字或句子放入 results 中间，然后初始化 inputs 和模型的隐藏层参数。完成参数初始化后进行诗句预测。判断当前的字是预测诗句中的第几个字，如果是第一个字，需要提示模型用当前输入的字来预测下一个字；如果不是第一个字，就用上一轮预测的结果作为输入来预测下一个字。例如，输入一个初始字，将其索引放到 inputs 中以预测下一个字。如此循环，直到 48 个字全部输入之后，以 EOP 作为结束标志。

```python
def generate(model, start_words, ix2word, word2ix, device):
    results = list(start_words)
    start_words_len = len(start_words)
    # 第一个词语是<START>
    inputs = torch.Tensor([[word2ix['<START>']]]).view(1, 1).long()
    # 最开始的隐状态初始为 0 矩阵
    hidden = torch.zeros((2, Config.LSTM_layers * 1, 1, Config.
hidden_dim), dtype=torch.float)
    inputs = inputs.to(device)
    hidden = hidden.to(device)
    model = model.to(device)
    model.eval()
    with torch.no_grad():
        for i in range(48):  # 诗的长度
            output, hidden = model(inputs, hidden)
            # 如果在给定的句首中，input 为句首中的下一个字
            if i < start_words_len:
                w = results[i]
                inputs = inputs.data.new([word2ix[w]]).view(1, 1)
            # 否则将output 作为下一个input 进行
            else:
                top_index = output.data[0].topk(1)[1][0].item()
# 输出的预测的字
                w = ix2word[top_index]
                results.append(w)
                inputs = inputs.data.new([top_index]).view(1, 1)
            if w == '<EOP>':  # 输出了结束标志就退出
                del results[-1]
                break
    return results

results = generate(model,'雨', ix2word,word2ix,device)
```

```
    print(' '.join(i for i in results))

    results = generate(model,'湖光秋月两相得', ix2word,word2ix,
device)
    print(' '.join(i for i in results))
```

这里以"湖光秋月两相得"为诗的第一句,算法根据此输入完成一首诗的自动生成,结果如图 7-32 所示。初步结果不太符合唐诗的规律,原因可能是训练次数少(只有 10 次),模型训练不充分而导致准确率较低。可以通过增加轮次或采用规模更庞大的数据进行训练来获得更好的效果。

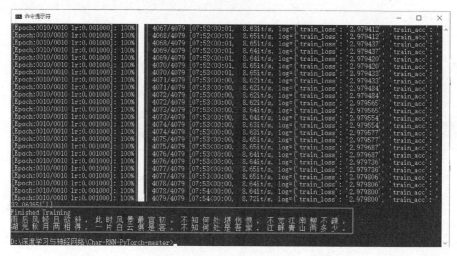

图 7-32 生成的文本示例

7.7 案例:基于 LSTM 算法的股票预测

本案例通过使用 PyTorch 构建一个基于 LSTM 算法的股票预测模型,运用 ETF 的开高低收 4 项股票实时数据来预测下一个工作日的收盘价。这是一个较为经典的时序数据处理案例,该案例的重点在于如何将时序数据转换为 LSTM 网络所支持的输入格式。本案例通过利用数据错位的方式实现数据标签的构造,然后将构建的特征数据与预测数据一同放到 LSTM 网络中进行预测,最终实现通过前 $t-n$ 天的数据预测第 t 天的收盘价。

7.7.1 步骤 1:导入依赖库

首先导入本案例用到的各种依赖库。代码如下。

```
import numpy as np
import random
import pandas as pd
import matplotlib.pyplot as plt
from pandas import datetime
import math, time
import itertools
from sklearn import preprocessing
from sklearn.preprocessing import MinMaxScaler
import datetime
from operator import itemgetter
from sklearn.metrics import mean_squared_error
from math import sqrt
import torch
import torch.nn as nn
from torch.autograd import Variable
```

7.7.2　步骤2：获取并处理数据

从网络中收集部分股票数据，主要数据展示如图 7-33 所示。由于原数据较多，因此提取一部分数据的日期索引来减少实验的计算量，这里构建了 2010/10/11—2017/10/11 的数据索引。然后读取原数据，将原数据中第一列"时间"列设置为索引列，通过 parse_dates=True 将其解析成时间格式，并利用 join 函数将截取的时间范围索引与原数据进行链接合并。代码如下。

```
dates = pd.date_range('2010-10-11','2017-10-11',freq = 'B')
df_main = pd.DataFrame(index = dates)
df_aaxj = pd.read_csv("./data_stock/ETFs/aaxj.us.txt", parse_
dates=True, index_col=0)
df_main = df_main.join(df_aaxj)
sel_col = ['Open', 'High', 'Low', 'Close']
df_main = df_main[sel_col]
print(df_main)
```

在本案例中只取前 4 列特征进行数据预测，因此只需通过['Open', 'High', 'Low', 'Close']来进行数据的提取。输出数据集的结果如图 7-34 所示。

在数据分析中，常常需要对数据进行归一化处理，消除数据量纲不同造成的影响。本案例采用 sklearn.preprocessing 的 MinMaxScaler 及 fit_transform 函数对数据进行缺失值的填充和归一化处理。代码如下。

```
文件(F) 编辑(E) 格式(O) 查看(V) 帮助(H)
Date,Open,High,Low,Close,Volume,OpenInt
2008-08-15,44.886,44.886,44.886,44.886,112,0
2008-08-18,44.564,44.564,43.875,43.875,28497,0
2008-08-19,43.283,43.283,43.283,43.283,112,0
2008-08-20,43.918,43.918,43.892,43.892,4468,0
2008-08-22,44.097,44.097,44.017,44.071,4006,0
2008-08-25,44.044,44.044,43.248,43.248,18975,0
2008-08-26,43.802,43.802,43.471,43.66,5507,0
2008-08-27,44.564,44.564,44.457,44.457,1675,0
2008-08-28,44.421,44.475,44.421,44.475,6687,0
2008-08-29,44.224,44.224,44.171,44.171,446,0
2008-09-02,43.875,43.875,43.875,43.875,112,0
2008-09-03,42.281,42.396,42.173,42.235,4287,0
2008-09-04,41.825,41.825,41.098,41.153,2861,0
2008-09-05,40.497,41.188,40.364,41.188,6811,0
2008-09-08,42.18,42.29,41.752,42.29,4244,0
2008-09-09,41.967,41.967,41.08,41.08,12718,0
2008-09-11,39.541,39.979,39.38,39.8,3627,0
2008-09-12,39.496,39.505,39.21,39.21,1694,0
2008-09-15,38.771,38.771,37.919,37.992,6842,0
2008-09-16,37.571,37.606,36.712,37.231,4152,0
2008-09-17,37.122,37.122,36.039,36.039,1900,0
2008-09-18,37.08,38.644,36.729,38.627,4936,0
2008-09-19,39.855,41.395,39.855,41.359,4090,0
```

图 7-33   主要数据

```
(base) D:\深度学习与神经网络\第 7 章\stock_prediction>python 1stmyc.py
              Open      High      Low     Close
2010-10-11  55.971   56.052   55.863   56.052
2010-10-12  55.676   55.792   55.362   55.667
2010-10-13  56.472   56.867   56.401   56.569
2010-10-14  56.733   56.742   56.293   56.579
2010-10-15  56.893   56.893   56.194   56.552
...            ...      ...      ...       ...
2017-10-05  73.500   74.030   73.500   73.970
2017-10-06  73.470   73.650   73.220   73.579
2017-10-09  73.500   73.795   73.480   73.770
2017-10-10  74.150   74.490   74.150   74.480
2017-10-11  74.290   74.645   74.210   74.610

[1828 rows x 4 columns]
```

图 7-34   输出数据集的结果

```
    df_main = df_main.fillna(method='ffill')
    data1=df_main['Close']
    data2=data1[testlen:]
    ss=data1.max()-data1.min()
    mm=data1.min()

    scaler = MinMaxScaler(feature_range=(-1, 1))
    for col in sel_col:
        df_main[col] = scaler.fit_transform(df_main[col].values.
reshape(-1,1))
```

数据处理结果如图 7-35 所示。

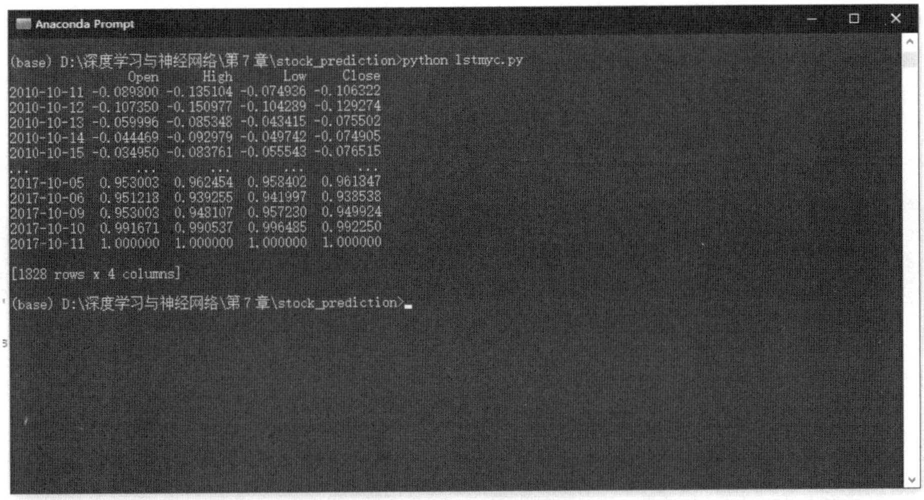

图 7-35　数据处理结果

7.7.3　步骤 3：构建预测数据序列

利用数据处理模块 Pandas 中的 shift 函数，将时间序列数据转换为监督学习数据。因为要预测下一个时间（后一天）的收盘价，所以把 close 向上迁移 1 个单位，得到与 close 错位 1 天的 target 预测序列。最终构造出来的数据集样式为 $(x_{t-n}, x_{t-n-1}, \cdots, x_{t-1}, y_t)$，输入前 n 天的值预测当前的闭盘价。代码如下。

```
# convert series to supervised learning
def series_to_supervised(data, n_in=1, n_out=1, dropnan=True):
    n_vars = 1
    if type(data) is list else data.shape[1]
    df = pd.DataFrame(data)
    cols, names = list(), list()
    # input sequence (t-n, ... t-1)
    for i in range(n_in, 0, -1):
        cols.append(df.shift(i))
        names += [('var%d(t-%d)' % (j+1, i)) for j in range(n_
vars)]
    # forecast sequence (t, t+1, ... t+n)
    for i in range(0, n_out):
        cols.append(df.shift(-i))
        if i == 0:
            names += [('var%d(t)' % (j+1)) for j in range(n_ vars)]
```

```
        else:
            names += [('var%d(t+%d)' % (j+1, i)) for j in range(n_
vars)]
      # put it all together
      agg = pd.concat(cols, axis=1)
      agg.columns = names
      # drop rows with NaN values
      if dropnan:
          agg.dropna(inplace=True)
      return agg
  values1 = df_main.values
  reframed = series_to_supervised(values1, 5, 1)
  reframed.drop(reframed.columns[[-4,-3,-2]], axis=1, inplace=True)
```

构建的预测数据序列如图 7-36 所示。

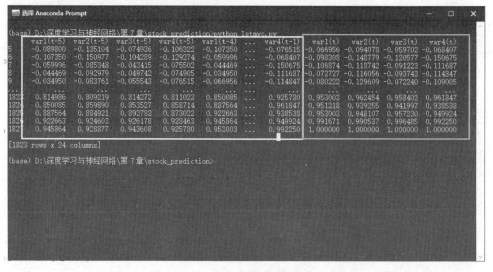

图 7-36　构建的预测数据序列

根据 LSTM 网络需要的数据格式创建数据集。首先针对创建好的数据进行数据集的划分，即分为训练数据集和测试集。然后利用 Mytrainset 函数将训练数据与其标签分别保存到 data 和 label 中。最后利用 DataLoader 函数生成可迭代训练的数据。DataLoader 函数是一个数据加载器，结合了数据集和取样器，并且可以提供多个线程处理数据集。在训练模型时使用此函数，用来把训练数据分成多个小组，每次处理抛出一组数据，直至把所有的数据都抛出。函数设计与调用过程如下，输出 data 和 label 如图 7-37 所示。

```
class Mytrainset(Dataset):
    def __init__(self, data):
        self.data, self.label = data[:, :-1].float(), data[:,
-1].float()
    def __getitem__(self, index):
        return self.data[index], self.label[index]
    def __len__(self):
        return len(self.data)
# split into train and test sets
values2 = reframed.values
train = values2[:testlen, :]
test = values2[testlen:, :]
# split into input and outputs
train = mytrainset(torch.Tensor(train))
trainloader= DataLoader(train, batch_size=batch_size, shuffle=
False)
testx=torch.Tensor(test[:, :-1])
```

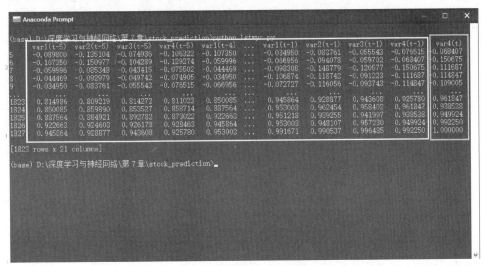

图 7-37　输出 data 和 label

7.7.4　步骤 4：构建 LSTM 网络

LSTM 网络的参数主要有 input_size、hidden_size 和 num_layers。其中，input_size 是输入的特征数；hidden_size 选取 64 作为隐藏维数；num_layers 是 LSTM 网络的层数。参数初始化之后开始构建两层 LSTM 网络，每层都是 64 个 hidden_layers，最后连一个全连接层把维度从 64 转换为 1。代码如下。

```
class RNN(nn.Module):
    def __init__(self, input_size):
        super(RNN, self).__init__()
        self.rnn = nn.LSTM(
            input_size=input_size,
            hidden_size=64,
            num_layers=2,
            batch_first=True
        )
        self.out = nn.Sequential(
            nn.Linear(64, 1)
        )

    def forward(self, x):
        r_out, (h_n, h_c) = self.rnn(x, None)   #None 即隐藏层状
态用 0 初始化
        out = self.out(r_out)
        return out
```

最后对定义好的模型实例化，并定义损失函数和优化函数。因为是预测数值问题，所以运用均方误差（Mean Square Error，MSE）来衡量差值，用 Adam 进行优化，可以自适应地找到一条最优路径。代码如下。

```
rnn = RNN(n)
optimizer = torch.optim.Adam(rnn.parameters(), lr=LR)
loss_func = nn.MSELoss()
```

7.7.5 步骤 5：训练网络

训练过程为：数据输入→前向传播→计算损失→计算梯度→后向传播更新权重。按照上述过程设计每轮训练的代码。为了观察模型的拟合效果，采用输出 MSE 的损失来反映模型的训练效果。代码如下。

```
def train():
    for step in range(EPOCH):
        for tx, ty in trainloader:
            #在第 1 个维度上添加一个维度为 1 的维度，形状变为[batch,
seq_len,input_size]
            output = rnn(torch.unsqueeze(tx, dim=1))
            loss = loss_func(torch.squeeze(output), ty)
            optimizer.zero_grad()
            loss.backward()
```

```
                optimizer.step()

                print('Epoch: {}, Loss: {:.5f}'.format(step + 1, loss.
item()))
```

输出训练模型的 MSE 变化如图 7-38 所示。由图可知损失如预期下降。

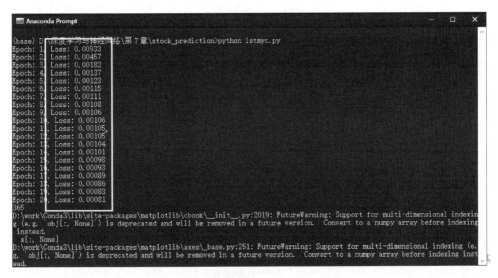

图 7-38　输出训练模型的 MSE

7.7.6　步骤 6：预测测试集

将训练好的模型在测试集中进行测试。由于预测数据是标准化后的数据，所以需做还原处理。最后画出测试集的预测结果与真实值的二维折线图进行对比，直观地反映模型的拟合效果。模型拟合效果如图 7-39 所示。

```
        def test():
            generate_data_test = []
            for i in range(len(testx)):
                x =torch.unsqueeze(testx[i,:], dim=0)
                #在第 1 个维度上添加 1 个维度，形状变为[batch,seq_len,input_
size]
                output = rnn(torch.unsqueeze(x, dim=1))
                generate_data_test.append(torch.squeeze(output).detach().
numpy()*ss+mm)
            print(len(generate_data_test))
            plt.plot(range(len(generate_data_test)),generate_data_
test,'b', label="predict")
```

```
        plt.plot(range(len(generate_data_test)),data2*ss+mm,'r',
label="true")
        plt.legend(loc="upper right")  # 显示图中的标签
        plt.xlabel("the number of sales")
        plt.ylabel('value of sales')
        plt.show()
```

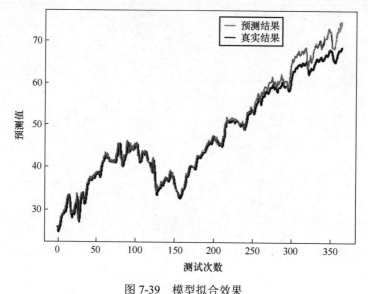

图 7-39   模型拟合效果

7.8   案例：基于深度学习的文本分类

本案例使用 PyTorch 构建一个文本分类模型。从新闻文本分类数据集 THUCNews 中抽取了 20 万条新闻标题作为案例数据，文本长度为 20～30，共 10 个类别，包括财经、房产、股票、教育、科技、社会、时政、体育、游戏、娱乐，每类 2 万条。具体的文本数据如图 7-40 所示。本节将基于 RNN 构建文本的分类算法，对相关文本使用训练模型来判断该段文字的所属领域。

为了方便进行模型的测试，需要对项目进行模块化，然后在主函数或运行函数中进行相关模块的组合，提高编译的可观性与可调整性。本项目主要包含 models 文件夹（定义 TestRNN 的模型构造）、THUCNews 文件夹（用于数据存储）、run.py 程序（项目入口，定义整体的项目流程）、utils.py 程序（相关函数组件，如数据处理），如图 7-41 所示。下面对每个模块进行详细介绍。

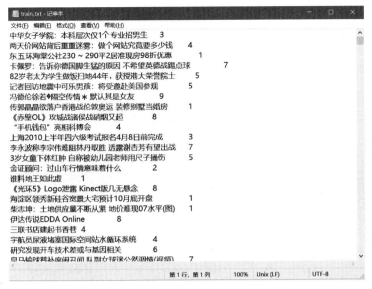

图 7-40　部分 THUCNews 数据

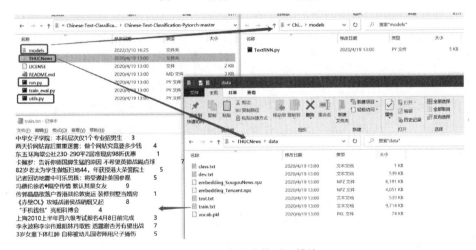

图 7-41　文本分类的项目模块

7.8.1　步骤 1：项目入口

在本项目中，run.py 是整个项目的入口。它包含两部分功能：一是使用 argparse 工具配置相关参数；二是实现整个项目的流程框架和调用各个模块/函数。在 run.py 中，首先导入相关依赖库。代码如下。

```
# coding: UTF-8
import time
import torch
```

```
import numpy as np
from train_eval import train, init_network
from importlib import import_module
import argparse
```

然后配置参数。在构建自然语言处理模型的过程中，通常选择以词（word）作为模型处理的基础单位，所以需要为要处理的词构建词向量空间。但在本案例中，同样提供了字符级别（char）的处理方法，即为每个字符建立向量空间，再对其进行自然语言处理。代码如下。

```
#声明 argparse 对象 可附加说明
parser = argparse.ArgumentParser(description='Chinese Text
Classification')

#添加参数
#embedding 随机初始化或使用预训练词或字向量，默认使用预训练
parser.add_argument('-embedding',default='pre_trained',type=
str, help='random or pre_trained')
#基于词还是基于字 默认基于字
parser.add_argument('--word', default=False, type=bool, help=
'True for word, False for char')

#解析参数
args = parser.parse_args()
```

参数定义完成后，进入主函数实现，完成对模块训练或测试过程的组建，主要流程为：模型参数导入→数据预处理→构建模型对象→调用训练、验证及测试模块。在参数初始化中，定义的预训练词向量为搜狗新闻，也可以选择其他的词向量模型。

然后导入模型文件，并在数据预处理中进行数据的分批次处理，构建数据训练和测试的数据迭代器。最后将训练集与测试集输入定义好的 train 函数中进行模型训练。代码如下。

```
if __name__ == '__main__':
    dataset = 'THUCNews'  # 数据集
    #搜狗新闻:embedding_SougouNews.np 腾讯:embedding_Tencent.
npz, 随机初始化:random
    embedding = 'embedding_SougouNews.npz'
    if args.embedding == 'random':
        embedding = 'random'
    #获取选择的模型名字
    model_name= 'TextRNN'
```

```
from utils import build_dataset,build_iterator, get_time_
dif
# 根据所选模型名字在 models 包下获取相应的模块 (.py)
x = import_module('models.' + model_name)
# 每个模块 (.py) 中都有一个模型定义类和与该模型相关的配置类 (定义该模
型的超参数) 初始化配置类的对象
config = x.Config(dataset, embedding)
#设置随机种子，确保每次运行的条件 (模型参数初始化、数据集的切分或打乱
等)是一样的
np.random.seed(1)
torch.manual_seed(1)
torch.cuda.manual_seed_all(1)
torch.backends.cudnn.deterministic = True   # 保证每次结果
一样

# 数据预处理
start_time = time.time()
print("Loading data...")
vocab,train_data,dev_data,test_data=build_dataset(config,
args.word)
# 构建训练集、验证集、测试集迭代器/生成器（节约内存，避免溢出）
train_iter = build_iterator(train_data, config)
dev_iter = build_iterator(dev_data, config)
test_iter = build_iterator(test_data, config)
time_dif = get_time_dif(start_time)
print("Time usage:", time_dif)

# train
# 构造模型对象
config.n_vocab = len(vocab) #词典大小可能不确定，在运行时赋值
# 构建模型对象并 to_device
model = x.Model(config).to(config.device)
#使用自定义的参数初始化方式
init_network(model)
print(model.parameters)
#训练、验证和测试
train(config, model, train_iter, dev_iter, test_iter)
```

7.8.2　步骤 2：训练模块

训练及验证模块文件描述在 train_eval.py 中。该模块主要包含 4 个函数：
init_network、train、test 和 evaluate。首先导入相关依赖库。代码如下。

```
# coding: UTF-8
import numpy as np
import torch
import torch.nn as nn
import torch.nn.functional as F
from sklearn import metrics
import time
from utils import get_time_dif
from tensorboardX import SummaryWriter
```

在 init_network 函数中，对权重和偏执进行初始化。xavier 初始化是 Glorot 等人为了解决随机初始化问题提出来的，其思想很简单，就是尽可能地让输入和输出服从相同的分布，以避免后续层激活函数的输出值趋向于 0。代码如下。

```
# 权重初始化，默认 xavier
def init_network(model, method='xavier', exclude='embedding',
seed=123):
        for name, w in model.named_parameters():
            if exclude not in name:
                if 'weight' in name:
                    if method == 'xavier':
                        nn.init.xavier_normal_(w)
                    elif method == 'kaiming':
                        nn.init.kaiming_normal_(w)
                    else:
                        nn.init.normal_(w)
                elif 'bias' in name:
                    nn.init.constant_(w, 0)
                else:
                    pass
```

定义训练函数。首先通过 model.train()启用 Batch Normalization 和 Dropout，然后定义优化器的相关参数并进行实例化，接着对每个批次的数据进行正向传播并计算损失，最后计算梯度并进行参数更新。在本案例中，增加了训练模型的保存部分，对比每轮模型的拟合效果，当模型的损失有较大幅度的降低时，保存当前效果最好的模型参数，这说明此时的模型参数得到了有效的更新。代码如下。

```
def train(config, model, train_iter, dev_iter, test_iter):
    start_time = time.time()
    # 训练模式
    model.train()
    optimizer=torch.optim.Adam(model.parameters(),lr=config.
learning_rate)
```

```
            total_batch = 0  # 记录进行到多少 batch
            dev_best_loss = float('inf')
            last_improve = 0  # 记录上次验证集 loss 下降的 batch 数
            flag = False  # 记录是否很久没有效果提升
            writer = SummaryWriter(log_dir=config.log_path + '/' +
time.strftime('%m-%d_%H.%M', time.localtime()))
            for epoch in range(config.num_epochs):
                print('Epoch[{}/{}]'.format(epoch+1,config.num_epochs))
                # scheduler.step()  # 学习率衰减
                for i, (trains, labels) in enumerate(train_iter):
                    outputs = model(trains)#前向传播，获取输出
                    model.zero_grad()#清空梯度
                    # 计算交叉熵损失（内部包含 softmax、log 等操作）  可以用 nn
中的函数，也可以用 F 中的函数 labels 为整数索引，内部会自动转换为 one-hot
                    loss = F.cross_entropy(outputs, labels)
                    loss.backward()#计算梯度
                    optimizer.step()#更新参数
                    # 每 100 个 batch 计算一次在验证集上的指标
                    if total_batch % 100 == 0:
                        # 每多少轮输出在训练集和验证集上的效果
                        true = labels.data.cpu()
                        predic = torch.max(outputs.data, 1)[1].cpu()
                        # 当前 batch 上训练集的准确率，因为是类别均衡数据集，所
以可以直接用准确率作为评估指标
                        train_acc = metrics.accuracy_score(true, predic)
                        # 计算此时模型在验证集上的损失和准确率
                        dev_acc, dev_loss = evaluate(config, model,
dev_iter)

                        # 保存在验证集上损失最小的参数
                        if dev_loss < dev_best_loss:
                            dev_best_loss = dev_loss
                            torch.save(model.state_dict(),config.save_path)
                            improve = '*'
                            last_improve = total_batch
                        else:
                            improve = ''
                        time_dif = get_time_dif(start_time)
                        msg='Iter:{0:>6},Train Loss: {1:>5.2},Train Acc:
{2:>6.2%},Val Loss: {3:>5.2},Val Acc: {4:>6.2%},Time: {5} {6}'
                        print(msg.format(total_batch, loss.item(), train_
acc, dev_loss, dev_acc, time_dif, improve))
                        # 保存训练集（当前 batch）、验证集的损失和准确率信息，
```

方便可视化，以 batch 为单位

```
                    writer.add_scalar("loss/train",loss.item(),total_
batch)
                    writer.add_scalar("loss/dev", dev_loss, total_batch)
                    writer.add_scalar("acc/train", train_acc, total_batch)
                    writer.add_scalar("acc/dev", dev_acc, total_batch)
                    model.train()
                total_batch += 1
                if total_batch - last_improve > config.require_
improvement:
                    # 验证集 loss 超过 1000batch 没下降，结束训练
                    print("No optimization for a long time, auto-
stopping...")
                    flag = True
                    break
            if flag:
                break
        writer.close()
        # 模型训练结束后进行测试
        test(config, model, test_iter)
```

7.8.3　步骤 3：验证和测试函数

验证函数的定义类似训练函数，旨在针对每一批次的验证数据，采用训练的模型参数对验证集计算损失与精度。与训练函数的区别是，验证函数不再需要反向传播进行梯度更新，因此采用 model.eval() 能够用全部训练数据的均值和方差，即测试过程中要固定住 Batch Normal 和 Dropout 的值，保证 Batch Normal 和 Dropout 不发生变化。代码如下。

```
    def evaluate(config, model, data_iter, test=False):
        model.eval()
        loss_total = 0
        # 存储验证集所有 batch 的预测结果
        predict_all = np.array([], dtype=int)
        # 存储验证集所有 batch 的真实标签
        labels_all = np.array([], dtype=int)
        with torch.no_grad():
            for texts, labels in data_iter:
                outputs = model(texts)
                loss = F.cross_entropy(outputs, labels)
                loss_total += loss
                labels = labels.data.cpu().numpy()
```

```
                predic = torch.max(outputs.data, 1)[1].cpu().numpy()
                labels_all = np.append(labels_all, labels)
                predict_all = np.append(predict_all, predic)
        # 计算验证集准确率
        acc = metrics.accuracy_score(labels_all, predict_all)
        # 如果是测试集的话，计算分类报告和混淆矩阵
        if test:
            report = metrics.classification_report(labels_all, predict_
all, target_names=config.class_list, digits=4)
            # 计算混淆矩阵
            confusion = metrics.confusion_matrix(labels_all, predict_
all)
            return  acc,  loss_total  / len(data_iter), report,
confusion
        # 返回准确率和每个 batch 的平均损失
        return acc, loss_total / len(data_iter)
```

在测试函数 test 中，首先加载当前在验证集测试中损失最小的参数，然后计算模型参数在测试集上的精度，每个 batch 的平均损失、分类报告和混淆矩阵。代码如下。

```
    def test(config, model, test_iter):
        # test
        # 加载使验证集损失最小的参数
        model.load_state_dict(torch.load(config.save_path))
        model.eval()
        start_time = time.time()
        # 计算测试集准确率，每个 batch 的平均损失、分类报告、混淆矩阵
        test_acc, test_loss, test_report, test_confusion = evaluate
(config, model, test_iter, test=True)
        msg = 'Test Loss: {0:>5.2},  Test Acc: {1:>6.2%}'
        print(msg.format(test_loss, test_acc))
        print("Precision, Recall and F1-Score...")
        print(test_report)
        print("Confusion Matrix...")
        print(test_confusion)
        time_dif = get_time_dif(start_time)
        print("Time usage:", time_dif)
```

7.8.4　步骤 4：数据预处理模块

utils.py 定义词句的数据处理模块，主要包括 build_vocab、build_dataset、DatasetIterater，对应的实现功能分别为构建词典/字典、构建数据集和迭代器、

使用预训练词/字向量对词/字嵌入矩阵进行初始化。

首先导入依赖库和参数定义。代码如下。

```
# coding: UTF-8
import os
import torch
import numpy as np
import pickle as pkl
from tqdm import tqdm
import time
from datetime import timedelta


MAX_VOCAB_SIZE = 10000  # 词表长度限制
UNK, PAD = '<UNK>', '<PAD>'  # 未知字, padding 符号
```

文本处理的一个最重要的步骤是将单词映射为数字编号，进而将一个句子改写成一个整数数组，在此基础上进行 embedding 等处理，最后送入模型中。构建词典的过程是完成单词到数字编号的映射。词典不能太大，否则将导致 embedding 过程中产生大量的计算；词典也不能太小，否则会导致过多的词失去独立的意义。因此，根据词频构建词典是一个比较好的选择，该方法使词频高的单词有独立的数字编号，词频低的单词共用一个编号。代码如下。

```
def build_vocab(file_path, tokenizer, max_size, min_freq):
    vocab_dic = {}
    with open(file_path, 'r', encoding='UTF-8') as f:
        # 遍历每一行
        for line in tqdm(f):
            lin = line.strip()#去掉首尾空白符
            if not lin:#遇到空行跳过
                continue
            content = lin.split('\t')[0]#text  label；每行以\t
为切分，拿到文本
            for word in tokenizer(content):#分词 or 分字,构建词/
字到频数的映射,统计词频/字频
                vocab_dic[word] = vocab_dic.get(word, 0) + 1
        # 根据 min_freq 过滤低频词，并按频数从大到小的顺序排序，然后取
前 max_size 个单词
        vocab_list = sorted([_ for _ in vocab_dic.items() if _[1] >=
min_freq], key=lambda x: x[1], reverse=True)[:max_size]
        # 构建词/字到索引的映射，从 0 开始
        vocab_dic = {word_count[0]: idx for idx, word_count
in enumerate(vocab_list)}
```

```
        # 添加未知符和填充符的映射
        vocab_dic.update({UNK: len(vocab_dic), PAD: len(vocab_
dic) + 1})
    return vocab_dic
```

  build_dataset 函数通过分词和文本的向量化等过程来构建训练集、验证集、测试集，并分别对训练集、验证集、测试集进行数据处理。load_dataset 函数定义的流程包括：①读入文本；②对文本进行分词/字，并对分词进行长截短填以实现数据的格式统一；③将词/字转换为索引，不在词典/字典中的，用 UNK 对应的索引代替，实现文本的向量化；④得到最终的可用数据集。代码如下。

```
def build_dataset(config, ues_word):
    # 定义分词/字函数 tokenizer，分为 (word-level/character-level)
    if ues_word: #基于词，提前用分词工具把文本分开，以空格为间隔
        tokenizer = lambda x: x.split(' ')# 以空格隔开, word-level
    else:#基于字符
        tokenizer = lambda x: [y for y in x] # char-level
    # 构建词典/字典
    if os.path.exists(config.vocab_path): #如果存在构建好的词典/
字典则加载
        vocab = pkl.load(open(config.vocab_path, 'rb'))
    else:#构建词/字典（基于训练集）
        vocab=build_vocab(config.train_path,tokenizer=tokenizer,
max_size=MAX_VOCAB_SIZE, min_freq=1)
        # 保存构建好的词典/字典
        pkl.dump(vocab, open(config.vocab_path, 'wb'))
    print("Vocab size: {len(vocab)}") #输出词典/字典大小

def load_dataset(path, pad_size=32):
    contents = []
    with open(path, 'r', encoding='UTF-8') as f:
        for line in tqdm(f):#遍历每一行
            lin = line.strip()#去掉首尾空白符
            if not lin:#遇到空行跳过
                continue
            content, label = lin.split('\t')#每一行以\t 为切分
            words_line = []
            token = tokenizer(content)#对文本进行分词/分字
            seq_len= len(token) #序列/文本真实长度（填充或截断前）
            if pad_size:#对分词进行长截短填
            #文本真实长度比填充长度短
                if len(token) < pad_size:
```

```
                    token.extend([PAD]*(pad_size- en(token)))
                else: #文本真实长度比填充长度长
                    token = token[:pad_size]#截断
                    seq_len = pad_size  #把文本真实长度设置为填
充长度
                    # word to id
                    for word in token: #将词/字转换为索引，不在词典/字典
中的，用UNK对应的索引代替
                        words_line.append(vocab.get(word,vocab.get
(UNK)))
                    contents.append((words_line,int(label),seq_len))
            return contents  # [([...], 0), ([...], 1), ...]

        #分别对训练集、验证集、测试集进行处理，把文本中的词或字转换为词典/字
典中的索引
        train = load_dataset(config.train_path, config.pad_size)
        dev = load_dataset(config.dev_path, config.pad_size)
        test = load_dataset(config.test_path, config.pad_size)
        return vocab, train, dev, test  #返回词典/字典预处理好的训练
集、验证集、测试集
```

在本案例中，自定义一个迭代器，将数据分成多个批次的数据单元，并推送到device指定的GPU中进行计算。

```
        class DatasetIterater(object):#自定义数据集迭代器
            def __init__(self, batches, batch_size, device):
                self.batch_size = batch_size
                self.batches = batches  #构建好的数据集
                self.n_batches = len(batches) // batch_size#得到batch
数量
                self.residue = False  # 记录batch数量是否为整数
                if len(batches) % self.n_batches != 0:
                    self.residue = True #True表示不能整除
                self.index = 0
                self.device = device

            def _to_tensor(self, datas):
                # 转换为tensor 并to(device)
                x=torch.LongTensor([_[0] for _ in datas]).to(self.device)
                y=torch.LongTensor([_[1] for _ in datas]).to(self.device)

                # seq_len 为文本的实际长度（不包含填充的长度），转换为tensor
并to(device)
```

```
            seq_len=torch.LongTensor([_[2] for _ indatas]).to(self.
device)
            return (x, seq_len), y
        def __next__(self):
            if self.residue and self.index == self.n_batches:  #当
数据集大小不整除 batch_size 时，构建最后一个 batch
                batches= self.batches[self.index * self.batch_size:
len(self.batches)]
                self.index += 1
                batches = self.to_tensor(batches)  #把最后一个 batch
转换为 tensor 并 to(device)
                return batches
            elif self.index >= self.n_batches:
                self.index = 0
                raise StopIteration
            else:
                batches= self.batches[self.index * self.batch_size:
(self.index + 1) * self.batch_size]  #把当前 batch 转换为 tensor 并
to(device)
                self.index += 1
                batches = self._to_tensor(batches)
                return batches
        def __iter__(self):
            return self
        def __len__(self):
            if self.residue:
                return self.n_batches + 1
            else:
                return self.n_batches
    def build_iterator(dataset, config):  #构建数据集迭代器
        iter=DatasetIterater(dataset,config.batch_size,config.
device)
        return iter
```

7.8.5　步骤 5：定义模型

在 TestRNN.py 程序中完成对模型的定义，主要分为两部分内容，即模型本身的定义和模型对应的配置（超参数）的定义。首先，class Config(object)为配置参数定义，主要包括 model_name 及训练集、验证集、测试集的路径。训练集、验证集、测试集分别定义在当前的 date/train.txt、date/dev.txt、date/test.txt 文件中，数据集的所有类别列表存储在 class.txt 中以便读取。当分类场景变更时，也

可以按照相应的格式列出所有需要的类别。本案例要完成情感分类，可以在其中构建强褒义、弱褒义、中性、强贬义、弱贬义 5 个类别的索引。在项目代码中分别将这 5 类索引读入，统计 num_classes，求解出需要的分类数，也就是分类器最后输出的大小。

这里还涉及字典的保存问题，可以在 utils.py 程序中保存词典，保存之后需要将结果返回 TextRNN.py 程序中，进行字典的读取并进行模型和日志的保存。随机丢失率 dropout，可以防止过拟合，基于 require_improvement 规定，如超过设定值模型仍未起升，则结束训练过程。

```python
# coding: UTF-8
import torch
import torch.nn as nn
import numpy as np
class Config(object):
    """"配置参数"""
    def __init__(self, dataset, embedding):
        #调用模型名称
        self.model_name = 'TextRNN'
        # 训练集、验证集、测试集路径
        self.train_path= dataset + '/data/train.txt'
        self.dev_path= dataset + '/data/dev.txt'
        self.test_path= dataset + '/data/test.txt'
        # 数据集的所有类别
        self.class_list = [x.strip() for x in open(dataset +
'/data/class.txt', encoding='utf-8').readlines()]
        # 构建好的词典/字典路径
        self.vocab_path = dataset + '/data/vocab.pkl'
        # 训练好的模型参数保存路径
        self.save_path = dataset + '/saved_dict/' + self.
model_name + '.ckpt'        # 模型训练结果
        # 模型日志保存路径
        self.log_path = dataset + '/log/' + self.model_name
        # 如果词/字嵌入矩阵不随机初始化，则加载初始化好的词/字嵌入矩
阵，类别为 float32 并转换为 tensor，否则为 None
        self.embedding_pretrained = torch.tensor(np.load(dataset
+ '/data/' + embedding)["embeddings"].astype('float32'))\
            if embedding!='random' else None # 预训练词向量
        self.device = torch.device('cuda' if torch.cuda.is_
available() else 'cpu')
        self.dropout = 0.5  # 随机失活
        self.require_improvement = 1000# 若超过 1000batch 效果还
```

没提升，则提前结束训练

```
        self.num_classes = len(self.class_list) # 类别数
        self.n_vocab = 0# 词表大小，在运行时赋值
        self.num_epochs = 10# epoch 数
        self.batch_size = 128# mini-batch 大小
        self.pad_size = 32 # 每句话处理成的长度（短填长切）
        self.learning_rate = 1e-3# 学习率
        self.embed = self.embedding_pretrained.size(1)\
            if self.embedding_pretrained is not None else 300
# 字向量维度，若使用了预训练词向量，则维度统一
        self.hidden_size = 128# LSTM 隐藏层
        self.num_layers = 2# LSTM 层数
```

完成模型类的定义。这里采用双层的 bilstm 算法进行训练，网络结构为 embedding-bilstm(2)-fc。首先在 __init__ 中定义 embedding 初始化的两种方式，一种是随机初始化，矩阵的长度是输入的字典大小，宽用来表示字典中每个元素的属性向量；另一种是将预训练好的词嵌入矩阵导入。然后定义双向 LSTM 层，与传统的区别在于这里将 bidirectional 属性设置为 True，并将层数定义为两层，这样它就是一个两层的双向神经网络。具体处理过程为：在 forward 层中的输入经过 embedding 层之后得到词嵌入矩阵，之后将词嵌入矩阵放入 LSTM 层中进行计算，并把输出特征进行重新排列之后输入全连接层中进行分类，最终输出最后的类别。代码如下。

```
class Model(nn.Module):
    def __init__(self, config):
        super(Model, self).__init__()
        if config.embedding_pretrained is not None:# 加载初始化
后的预训练词/字嵌入矩阵，微调 fine-tuning
            self.embedding = nn.Embedding.from_pretrained(config.
embedding_pretrained, freeze=False)
        else:# 否则随机初始化词/字嵌入矩阵，指定填充对应的索引
            self.embedding = nn.Embedding(config.n_vocab, config.
embed, padding_idx=config.n_vocab - 1)
        # 2 层双向 lstm batch_size 为第一维度
        self.lstm = nn.LSTM(config.embed, config.hidden_size,
config.num_layers, bidirectional=True, batch_first=True, dropout=
config.dropout)
        # 输出层
        self.fc = nn.Linear(config.hidden_size * 2, config.num_
classes)
```

```
        def forward(self, x):
            x, _ = x#输入大小为（batch,SEQ_LEN)
            out = self.embedding(x)  # [batch_size, seq_len, embeding]=
[128, 32, 300]

            out, _ = self.lstm(out)
            out = self.fc(out[:, -1, :])  # 句子最后时刻的 hidden
state(batch,hidden_size*2)->(batch,classes)
            return out
```

7.8.6　步骤6：分类结果展示

通过在命令端使用命令 python run.py 进行模型的训练和测试，在 train 函数中实现对训练日志的输出。输出分别为当前训练批次模型在训练数据集和验证集上的准确度与时间损耗，具体如图 7-42 所示。

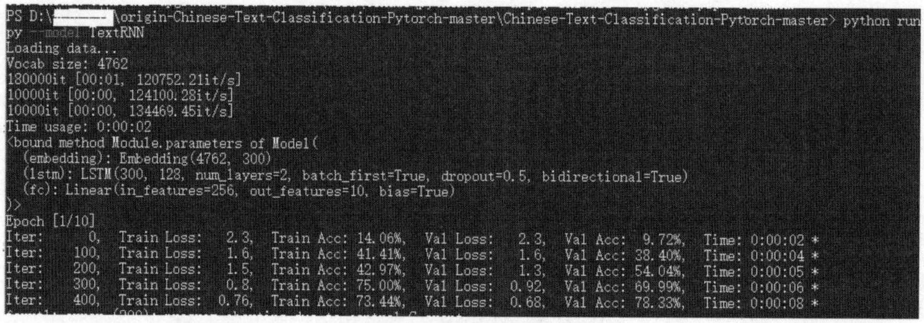

图 7-42　输出训练日志

在设置的轮次训练结束后得到最佳模型参数，该模型参数保存在 saved_dict 文件夹下，如 7-43 所示。

名称	修改日期	类型	大小
model.ckpt	2020/4/19 13:00	CKPT 文件	0 KB
TextRNN.ckpt	2020/11/9 16:44	CKPT 文件	8,858 KB

图 7-43　保存训练模型参数

最后，需要在测试集上验证模型的有效性和鲁棒性。输出最终模型在 10 种文本类别上的分类统计结果，包括分类精度、召回率和 F_1 分数等，具体结果如图 7-44 所示。由图可知训练的 LSTM 模型结构及相关参数，模型在测试集的损失为 0.67，分裂精度为 78.8%。具体到新闻类型数据中，能够看到模型在股票、科学相关文本的分类中表现较差，这些数据能够为下一步实验优化提供导向。如果需要提高模型的精度，则需要做进一步的数据处理或模型优化，以提高模型在这些类别数据上的分类效果。

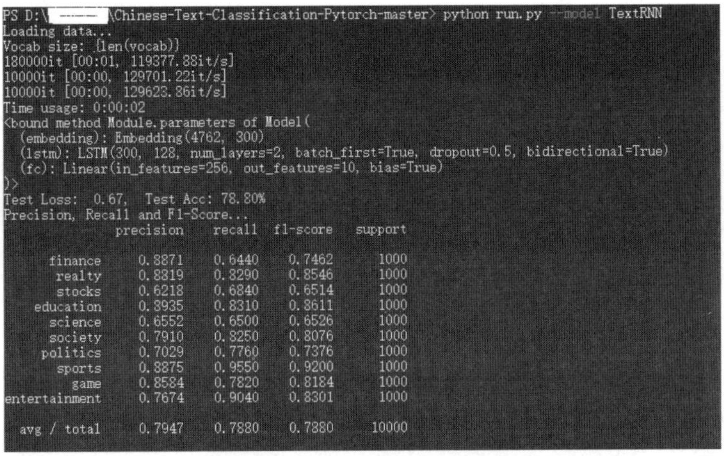

图 7-44　输出模型测试结果

本章小结

本章介绍了 RNN 的基本原理和应用场景。通过建立隐藏层之间的关系，RNN 可以有效地利用序列数据的特征，提高神经网络对时序数据的处理能力和预测精确度。最后，本章通过 3 个案例展示了 RNN 在时序数据处理和文本分析等领域的应用，旨在帮助读者掌握RNN 的构建和使用方法。